家具的故事

贾薇 著

A Story of Furniture

故宫出版社

序　言

家具是现代生活的必需品，我国的家具设计与制造已经达到世界先进水平。随着我国经济建设的迅速发展，家具的品种与款式愈加丰富，市场需求与产品质量亦日益提高。家具不但满足了各行各业的各种功能需求，也为室内外工作与生活提供了美好的氛围和舒适的环境。

中国传统家具是世界家具中的瑰宝，其优美的造型和精湛的工艺，充分体现了中华民族的文化内涵与工匠精神。在当前弘扬中华文化和创造美好生活的形势下，对中国传统家具的研究与传承是当代家具设计与制造领域的一项重要内容和任务。中国传统家具中的宫廷家具和官宦家具，选材精良，结构严谨，造型庄重，成为相关研究的重点。目前对中国传统家具从造型、品类、材料、结构与工艺的研究颇多，但对其蕴含的民族文化和体现的美学思想的研究则显得比较薄弱。这种情况是由于史料缺乏、研究人才缺少、思想重视不够、研究经费来源和研究体制不良等很多原因造成的。这对传统家具的传承与新产品的开发形成了很大的制约。

本书的作者贾薇在研究中国传统家具中，注重对其文化与艺术价值的深入研究。她认为家具作为人类文明的一种载体，为人而创造，因地而陈置，因时而更迭，家具已成为一部见证人类起居生活改变，反映人类意识形态变迁，以及承载人类文明进化的历史。中国古典家具以榫卯为其精髓，既为家具形而下之构架方式，亦为中国古人形而上之阴阳和合的观念。而家具从简至繁，从单一至多样化的演变史，亦如道家所言："道生一，一生二，二生三，三生万物。"据此，作者在本书中将自己的研究成果以家具的使用环境进行主题划分，力图立体描绘一部关于家具的历史。一为民用家具，以溯本逐源为目的，按家具的功能分别考述其名物，此间辅以较多图文资料，文风稍显坚实质朴；二为文人家具，中国历史话语权长期为士大夫所垄断，家具常成为文人寄托兴致的载体，文人亦乐于参与家具的设计与创造，故此篇以散文的形式呈现，围绕文人的雅趣写就，行文多烂漫。三为宫廷家具，此篇侧重论述明清两代皇家家具，一部分结合帝后画像，对集权下的宝座形态进行梳理，另又据现存档案，试图呈现家具在彼时的使用场景，行文以客观陈述为主。

贾薇的研究视角和本书的立意是很有新意和颇有趣的，对家具设计与研究者无疑具有启发和参考意义。随着我国家具产量的提高和品种的丰富，家具文化的普及与提高已成当务之急。研究和传播正确的家具文化知识，提高消费者欣赏和选择家具的水平，也是我国推动文明进步中不可缺少的部分。从这个角度讲，读完本书，对家具爱好者和消费者来说也是上了一堂有益的中国传统家具文化普及课。

2021年4月

目　录

第一章　榫卯交响一・家

家，是一种味道，是那伴随着袅袅炊烟飘过大江南北的莼鲈之思；家，是一种声音，是即使历经岁月锤炼亦坚守着的乡音未改；家，是一种情怀，是那一个个踽踽前行的身影抬头便可以看见的“月是故乡明”。关于家的一切，常常成为我们内心深处最为柔软的记忆。它不长不短，刚好充盈着我们充满依恋的安全感。家，就是这样一个神奇的地方。

中国自古传承着一种以木做“家”的传统，大抵是因为木与家产生了某种共鸣吧。木的敦睦仁和的质地，能带给我们金石所给予不了的款曲舒柔。木与木连理在一起，恩爱和合，又构成了那阴阳成道的榫卯结构，从而筑成了象征着中华文明古老而又玄妙的文化符号。

一、木石时代

提到历史的演进，总是无法避开传说中那个茹毛饮血的石器时代。我们想象着我们的先祖居住在冰冷的洞穴中，围着吱吱作响的篝火大快朵颐地分享着食物；或是在黑暗中借着朦胧的月色，进入那充斥着不安的睡梦当中。《庄子·盗跖》载道："古者禽兽多而人民少，于是民皆巢居以避之，昼拾橡栗，暮栖木上。"此时的人们唯以果实蚌蛤果腹，[1]尚未掌握钻木取火的技术，尚未有足够的力量去抵御猛兽。但是，人们已经有了家——树木构成了人们最初的家。

石器时代的存在是确凿无疑的，我们甚至默认那就是人类文明的初曙。然而随着一些考古的新发现，令人似乎可以看到一个比石器时代还要久远的木器时代。英国考古学家K.P.奥克莱在其《石器时代文化》（原名*Man－The Toolmaker*）中说道："欧洲已发现过两件旧石器时代早期的木器，其中一件是一个紫杉木的木矛的木梢……另一件是紫杉木做的矛头，尖端是用火烧法硬化过的"；"在非洲早更新世（约公元前300万－前100万年）的静水堆积中也曾发现过木质的工具"。另外，我国考古学家贾兰坡在论述北京猿人的生产工具时也曾说道："在当时的条件下，最得力的狩猎武器应该说是木棒和火把。"[2]

关于木器时代的观念，也早已有之。如《商君书·画策》中便提到过一个比神农时代更为古老的昊英时代，"昔者，昊英之世，以伐木杀兽，人民少而木、兽多"。《周易·系辞下》亦记载有上古人民"断木为杵，掘地为臼"。在这一时期，人们就近取材，俯首拾柴，扬手折枝；那直上

[1]《韩非子·五蠹篇》云："民食果蓏蚌蛤。"
[2] 详见贾兰坡撰《周口店——"北京人"之家》一文，北京出版社，1975年。

云霄的神木，既是生灵栖息的场所，又是人们生存的支柱。木以其特有的灵性，成为人们崇拜的对象。

时至今日，久居西南地区的纳西族，还保留着对草木的原始信仰。如孕妇在分娩前要举行“树保”仪式，在仪式上要焚烧杜鹃枝来解晦；在举行祭天仪式时，要在祭天坛两侧竖立两根黄栗木，以分别象征天地神。而纳西族的分支，生活在泸沽湖畔的摩梭人，则依旧居住在木质结构的干栏式建筑中。

当人们默许以工具来界定时代时，与我们最为亲近的“木”却常常被遗忘。耒耜，其形状似“木”字，是一种十分古老的原始农具。它的发明，或许就是古人受到了树木形状的启发。《说文解字》释树曰：“木，冒也。冒地而生。”“木”是象形字，在甲骨文中写作“ᚼ”，金文为“ᛯ”，很像一棵树，其上部为枝，下部为根。若在“木”字的“一”上加上两横，即成为“耒”。《周易·系辞》曰：“斫木为耜，揉木为耒。”观其外形可知，耒耜是比木棍更加进步的农具。

农耕使得先民定居下来，衣食问题得到解决。于是，以石之利器而工木之善事，石与木相互配合，碰撞出了榫卯工艺的灵感火花，为古人解决了最为迫切的筑房需求。得益于这一伟大发明，河姆渡人的人居环境得到了极大的改善；以此工艺建成的房屋，既防潮避险又坚固耐用。

古人对于榫卯的应用，也并未停留在“住”上，“行”也成为榫卯施展其魅力的领域。《周易·系辞下》中说道：“刳木为舟，剡木为楫”，“断木为杵”。南方地区水系发达，江湖密布，先民出行或渔猎，主要依靠的交通工具便是船只。浙江杭州萧山跨湖桥地区曾出土过一具大型独木舟，它距今已有8000多年的历史。船体的一端不幸已被施工方挖失，但其残部竟还能长达5.6米，着实令人叹为观止。

历经长期生产，木石齐心，累积经验，默契创作，屡创奇迹。尽管随着冶金技艺的发明，金属工具推动了社会的进步；更有不断精琢的玉石，成为人们崇仰的对象。但那仁厚的木，却不与金玉争辉；退居平凡，持守低调。它用数不清的年轮，蕴藏心事；让伤疤结痂，变成树瘤，守住眷念；让树根深藏地下，似鹿似虎状奔跑，去放纵追思。后来，它被人们做成根雕，拿去欣赏。数千年间，更有无数的树木，被制成器具，供人坐卧承贮。

一木为树，二木为林，三木为森。树的品种极其丰富，为人们择木施艺提供了宝贵的资源。今天，汉字中以“木”构成的字至少有上百个；而如座椅、卧床、餐桌、居巢等与“家”息息相关的词语中，更常有“木”的身影。尽管现在人们试图用各式各样的新型无机材料替代“木”的职能，但已成为文化印记的“木”，却永远不会因为科学的进步而退出历史的舞台。

时至今日，木与石依旧未曾远去。二者心心相印，对影成诗，一同装点幽院闲庭；或静卧书案，笔砚相叠，以助文人墨客骋怀逸兴。或许我们可以说，“木器时代”尚未终结。

二、“文化符号”——榫卯

阿拉伯谚语说：“人惧怕时间，而时间惧怕金字塔。无情的时光，能将人类世界千百万物体消磨至尽，但它对金字塔无可奈何。”在古埃及文化中，三角形代表金字塔，它既是精神的象征，还被视为一个不朽的“文化符号”。它高耸、坚固、威严、稳定，既可以抵抗无情的岁月与风沙，同时能以巨人的形象带给人们力量。那么，中国不朽的文化符合又是什么呢?

山西应县木塔顶层有一块清人刘仕伟题写的牌匾，上书“木德参天”四个大字。那什么是木德呢？在我看来，所谓木德，大抵是一种敦睦的品性。孔子认为木象征着东方，“万物之初皆出焉”。今天，我们称自己为华夏子孙，自古便有“夏得木德”之说。可见，在我们的文化中，“木”早已成一种民族情愫、一种华夏记忆。由木与木钩织而成的“榫卯”，更是成为一个令时间亦为之退让的文化符号。

所谓榫卯，其实并不神秘，就连原理都很简单。“榫”与“卯”，即榫头与卯眼；“榫卯”，即二者的合称。独立时，互为凹凸；扣合后，紧密和谐，浑然天成。从考古发现看，早在7000多年前，我们的河姆渡先民便已掌握了这种工艺。而4000多年前的良渚先民，不仅住在榫卯搭建的房屋里，其对榫卯技术的掌握，也已经达到了驾轻就熟的程度。“榫卯”艺术，历经千年而不朽，是“木石时代”的结晶，是中华民族具有强大生命力的“文化符号”。

古埃及金字塔因其巨大、高耸的气势，穿透岁月的隔阂，给予人们一种庄严的体验。而中国的文化符号"榫卯"，不论在体积上还是气势上，都无法与之相比。然而木与石所赋予它的，是"负阴抱阳"的外在形式与"阴阳和合"的哲学内涵。从实用角度来看，它不过是家具上的一个基本构件，微小亦不出众，甚至在使用时还要被人们小心地隐蔽起来。然而，生命看似卑微，却格外强韧；小小榫卯的伟大在于：它可以筑起庄严的庙宇、恢宏的宫殿，也可以架构低矮的陋室、平凡的民屋。于它自身，却不需要庄严与恢宏。数千年来，它俯仰于庄严与平凡间，持守低调，不改本色，始终不忘初衷地执守在岁月的流觞中。

众所周知，不同民族的文化符号，不同时代的文化符号，都有它们各自的精神与独特的表达。金字塔用"高耸"表征着庄严，饕餮以"神威"体现了狞厉。而榫卯"负阴抱阳""如漆似胶"的形式，自古便与"生产""延续"有关，是繁衍生命的象征。或许我们可以认为，"榫卯"这一文化符号，是对稳定、温暖、安全及爱的表达。这种"其乐也融融"的和谐氛围，恰是"家"带给人的微妙感觉。它契合了艰苦环境中的人们，孜孜不倦寻求"安全港湾"的情感认同。这个沉淀在华夏记忆中的"榫卯"，接近生活，有血有肉，令人感到温暖——如家一般温馨。榫与卯的取长补短、和睦共处，诠释了"爱"的意义。

榫卯作为中国独特的"文化符号"，寄托了人们美好的愿望，峥嵘了千年之久。早在4000多年前，良渚先民便将它演绎得异常精彩。他们立足榫卯的基本构式，发展出了多种形式的木架构榫卯，如"方形隼、燕尾隼、带销钉隼、双凸隼、刀形隼、双叉隼、企口板等十多种"。[3]他们的房屋结构，也体现出了"梁柱相交榫卯、水平搭接榫卯、横竖构件相交榫卯以及平板相交榫卯"[4]均已具备的特点。他们以榫卯为基础构建的干栏式建筑，房子高出地面，通风防潮，冬暖夏凉。

从现存遗址的情况看，当时的榫卯制作严谨，建筑结构计算精准，建筑设计与工艺构成亦极其精湛。此时的良渚先民已经具有了很高的数学水平。考古人员发现，遗址中部分方柱、木板的板面，留有明显的楔裂、劈削或刨刮的斧、锛之痕。这凹凸的肌理，是"石"与"木"高度默契的合作，是"木石时代"的记忆。而随着时间的推移，人们对榫卯的使用将愈趋成熟，

[3] 详见杨法宝主编:《良渚文化简志》，页246，北京方志出版社，2008年。

[4] 同上。

榫卯的形式也日臻完善。自宋历明，经过不断地改进和发展，榫卯各部位的组合既简明，又合乎力学原理，终达到美观与实用并驾的境界。

彼此缠绕在一起的榫与卯，除了呈现了“负阴抱阳”的观念，还体现了古人对木材性能的了解。《考工记》，是一部记录古代手工艺术的大全，写于中国先秦时期。书中“攻木”部分的技术规范，重点分析了先秦时期的用木原则、相木方法、攻木方法、木制品评价标准等。不同于其他金银玉石相对稳定的性能，木材具有明显的干缩湿胀性。古人将这一特性运用在生活中，巧妙地成就了木的奇迹。

陕西西安渭河桥遗址北岸发现的一艘汉代木船，由16块船板采用榫卯结构拼合而成。16块木船板，放在船的不同部位，利用木材可伸缩的特性，使不同习性的木材咬合得更为紧密，以此保证了船入水后的安全性。日本学者在《留住手艺》中也有类似的记录：“建寺庙时木头的方位要跟它生长的方位相同”，“搭建木结构建筑不依赖尺寸而依赖木的习性”。日本的匠人至今仍很好地延续着古人的造物习惯。

作为文化符号的榫卯，它既是一个构件物，也是“负阴抱阳”的哲学观念。纵观古代器物的制造，无一不是运用着“文化符号”的构件与“负阴抱阳”的观念，将形而上与形而下统一在一起。很多古代器物，能够以完整、坚固、精美的面貌存活下来，并非岁月有情，而正是因为古人一丝不苟值守着的工艺原则与虔诚态度。法国大文豪罗曼·罗兰说：“艺术中没有进步的概念，因为不管我们回头看多远，都会发现前人已经达到了完美的境界。假如有人认为几个世纪的努力已经使我们进一步接近完美，那将是荒谬可笑的。”先民那玄妙的榫卯，便足以令千古众生膜拜。

很多文化符号，在它作为权利或地域的象征意义消失时，它的作用也随之不存在了，而“家”不同。“家”是遮风避雨的港湾，是一切生命的向往。“榫卯”这一文化符号也因“家”的内涵、爱的意义而被流传下来。它宛若音乐中的一个独立的音符，在中国家具史的文明长河中，奏出一曲恢宏动听的榫卯交响曲。

三、榫卯“家园”

“家”在古人的观念里，既是生前的住所，也是神灵居住的“天堂”。首先表现为建筑，它是一切生命向往的地方。古希腊有坐落在石灰岩岗上的帕特农神庙，古玛雅奇琴伊察有石柱撑起的武士庙，中国古人同样站在石筑祭坛上祈神。然而，不同于西方的石质宫殿，中国人却多住在既温暖又安全的“木屋”当中。《韩非子·五蠹》记载：“上古之世，人民少而禽兽众，人民不胜禽兽虫蛇。”于是，名叫有巢氏的圣人，“构木为巢以避群害，而民悦之，使王天下，号曰有巢氏”。文献中关于上古时期“构木为巢”的记述，无疑是对木质结构萌芽状态的描述。

早在河姆渡时期，先民已使用木质构件构建家园；而距今3800年的河南偃师二里头宫殿，不仅使用榫卯作为连接构件，其建筑规模也变得高大起来。[5]依据史料记载，历史上著名的秦阿房宫，西汉长乐宫、未央宫，都是恢宏无比的建筑。它们身上，体现的不仅仅是一种技艺，更多的是一种气象。黑格尔曾说：“音乐和建筑最相近，因为像建筑一样，音乐把它的创造放在比例和结构上。”

中国古代崇礼尚乐，古人对音乐有着独到的美感。将这种美感运用到生活中、建筑上，便有了我们伟大的建筑艺术。1980年，河南洛宁墓葬出土的汉代灰陶塔式楼，1956年，山东高唐墓葬出土的绿釉陶楼（图1），都是斗栱木结构式高层建筑的代表作，也是汉人以陶塑形式留下的“建筑写真”。前者五层，下大而上小呈塔式，每层由仿木柱支撑，一二层各有盘坐者与吹奏佣。后者四层，但工艺非常复杂，飞檐镂空之气象，蔚为壮观。

[5] 杨鸿勋在《宫殿考古通论》中对二里头宫殿遗址的结构进行了缜密的分析，认为“二里头宫殿的木构必然已用榫卯交接，复杂节点可能辅以扎结”。详见杨鸿勋：《宫殿考古通论》，紫禁城出版社，2009年。

图1
东汉
绿釉陶楼
中国国家博物馆藏

榫卯构式，结构严谨，造型典雅，富有节奏，充满韵律美。由于榫卯所处位置、构件间的组合角度、结合方式，与安装顺序、方法等有关，这种组合形式，也最巧妙、长久、稳固。虽然西周时，铁器已经出现，但千年之后，人们在建造天坛祈年殿时，还是全用榫卯连接而成，通体无一铁钉，将榫卯工艺发挥到了极致。这是对榫卯工艺作为木质建筑不可或缺的技术基础这一事实的充分肯定。

中国的建筑以独特的艺术风格，一直发展至今。大致可将它归为三类：民居、园林、宫殿。民居朴实，园林诗意，宫殿庄严。在构成上，儒家主张“天人合一”；道家推崇“自然无为”，追求“天时，地利，人和”。《周易·乾卦》曰：“夫大人者，与天地合其德，与日月合其明，与四时合其序……”说明建筑既要具有音乐的韵律美，还要与环境相适应。

故宫，是世界上现存最完整、规模最大的古代木结构建筑群，也是现在保存最好的建筑。站在景山山顶俯视故宫建筑群时，沿着中轴线，我们可以看到中国古建筑中交响乐的主题旋律和对位法。那些高低起伏的建筑群是那样和谐、协调，是因为它们富有美的“旋律”，体现了建筑美的特有法则。

有了遮风避雨的“家”，对家具的需求便出现了。“家具”是浓缩的建筑。家具的造型和装饰，是紧随建筑和室内装饰而来的，它要与建筑做到材质、色彩、风格的一致，和谐与自然。站在历史的纵深与文明的广阔视角来认识家具，我们可以如看四季衍化一般，看家具是怎样随着人类文明的演进而逐步由粗至精、由简至繁，而最后又回归至简的。在这个漫长而又有趣的过程中，家具既主动的日新月异，又被动地受制于礼制与建筑；随环境变化，因文化交融；有时单纯、有时浪漫、有时华丽、有时简素，多姿多彩。那高高低低的伸缩，长长短短的延展，富有弹性的变化，宛若高高低低、长长短短的音乐，极富韵律美。它们彼此汇聚在一起，遂成就了一部中国家具史的宏大乐章。

第二章　榫卯交响二·家具民用篇

榫卯如一曲古老而恢宏的交响曲，一以贯之于中国家具史当中。时而寄寓在彤镂错彩的髹漆屏风中，若宫廷家具之恢宏壮大；时而隐藏在玲珑静巧的花几中，可一觑文人之风韵意趣；又时而穿梭在我们日常所用的一桌一椅、一床一凳或一架一柜之间，遍洗铅华而温文和顺。

这些我们司空见惯的民用家具，既没有宫廷用具的富丽庄严，也缺少文人用具的调情悦目。然而，正是因为它的朴实无华与默默无闻，令它成了这交响曲中曲调悠长、节奏和缓的主旋律。

一、坐·看云起——由座而起

“坐”如同一个休止符，它既是人的本能，人也藉由“坐”享受惬意。“坐”又是榫卯交响曲中的五线谱，中国家具史这首时而舒畅、时而昂扬的交响曲，从这里开篇，亦随之衍化出新。今天的人们谈到“坐”，自然而然会把目光落在椅子、板凳上。但在几千年前，古人却是席地而坐的。这种分歧，我们恐怕要从“坐”这个内涵丰富的动词娓娓道来。

1．就席而坐　由席而起

跪，即最初的“坐”。尸祭，是夏商时期便已有的一种祭祀祖先的仪式。在举行尸祭时，死者的子孙将扮作被祭祀的神主，“坐”在神座的位置上接受人们的祭奠。由于生者象征着已故去的祖先，故自始至终都需要保持着如“尸”一般的“安坐”。这种端正的坐姿，在重视祭祀的商代，更多蕴含着宗教信仰的味道。然而随着周公制礼作乐，社会生活的重心发生了从神到人的转移。于是，这种双膝跪地、臀部置于脚踝上的形式走下了神坛，摇身变作一种行为规范，并顺理成为日后一千年中最为正式的坐姿。由是，“席”便成为那家具中的“道”，生一、生二……化生出了关于坐最古老的乐章（图2）。

（1）席卷天下

在万年以前，居住在中原地区的人类，仍以氏族部落为单位生活在一起。每当夕阳西下，疲惫一天的人们，或在洞穴中休息，或围绕在篝火边取暖。他们随手取来“皮毛草褥”垫在身下，或坐或卧。那信手粗制的

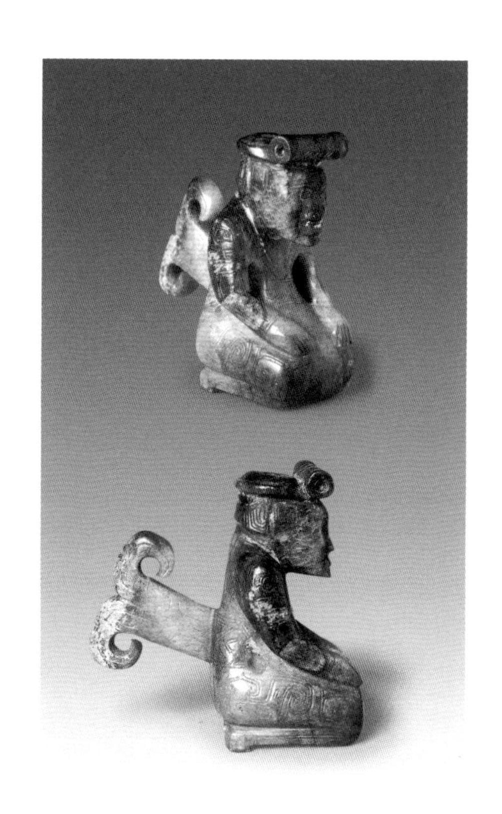

图2
商 妇好跪坐玉人
中国社会科学院考古研究所藏

"皮毛草褥"，便成了席的源头。

今天，人们会称席为"衽席"或"筵席"。但在千年以前的周代，"席""衽""筵"却是不尽相同的。"席"最早只是草席，而随着人们开发了越来越多材料用于制席后，席也就变成了一个泛称。而"衽"，却比席具有更宽泛的内涵。我们大多会听过"左衽""右衽"的说法，以为衽就是衣襟；但却不曾知晓，"衽"也曾指席。郑玄在注解《仪礼·士丧礼》"衽如初"时说："衽，寝卧之席也。"在汉代王充的《订鬼》中，也以"寝衽"连用。可见，衽作为席的一种，是专用来"卧"的。

"筵"，它的偏旁就已经透露了古人造字时的心思，那位于上面的"竹"，正暗示了"筵"这种席的材质。郑玄在注释《周礼·春官·序官》"司几筵下士二人"时曾说："铺陈曰筵，藉之曰席。"贾公彦进一步解释说："设席之法，先设者皆言筵，后加者为席。"晚清经学家孙诒让更是直接挑明了两者的区别："筵长席短，筵铺陈于下，席在上，为人所坐藉。"

席，最初只是生活的用具，但到了周人手中，席便具有了社会作用。如在《周礼·春官·几筵》中规定，由司几筵主管五种席垫的名称。这五席分别为莞席、藻席、次席、蒲席及熊席。与此相对应的还有一定的用几规格。又如，在举办大殓仪式时，根据死者身前的身份，也要使用不同材质的席，即“君以簟席，大夫以蒲席，士以苇席”（《礼记·丧大记》）。不仅用席的材质有所区分，数量也有明确规定：“天子之席五重，诸侯之席三重，大夫再重。”（《礼记·礼器》）通过使用不同的席，王示尊，士以敬，周人追求的礼制，便一目了然了。

席的使用，也多有讲究。如孔子在《论语·乡党》中说“席不正不坐”，通过对坐席的严格要求，暗示了自己的自律与自尊。又如《礼记·玉藻》中说道：“徒坐不尽席尺。”即坐席时不能把席全部占满。今天我们在长辈面前就座时，也常被教育要留有余地，甚至身体还要向前倾，这种大概都是席坐礼仪所留下来的文化记忆吧。此外，《礼记·曲礼》记载：“主人跪正席，客跪抚席而辞。客彻重席，主人固辞。客践席，乃坐。”就是在主客之间就席时，也需要恭谨礼让。

席，承载了太多的文化内涵与礼仪观念，所以备受古人的重视；不仅编织工艺不断精细，在材料上也呈现出多样性。芦苇席是目前考古发现最早的席，距今已有7000年左右的历史。浙江余姚田螺山河姆渡遗址出土的芦苇席色泽金黄，纹路清晰，编织方式已和今天无太大差异。由蒲草编制而成的席，称为莞席，有时也称越席，其中较为细密者，又称作“底席”。湖南长沙马王堆一号墓便有莞草席出土。除上文所提到的“筵”外，竹制的席还被称为“簟席”“篾席”，而用蒻竹所编的席子名为“笋席”。草席和竹席常搭配在一起使用，可合称莞簟，亦如上文提到的筵席。如《诗经·小雅·斯干》中说道：“下莞上簟，乃安斯寝。”伴着幽幽月色，卧在席上聆听一天的结束，岂不安谧和乐?

据史料记载，除了上述比较常见的席外，古人还有“象牙席”“犀席”“玉席”“貂席”等珍贵的席。此外，《诗经·秦风·小戎》中提到了一种“文茵”，后人注释为“虎皮”，是一种比较奢华的席。[1]动物皮毛的纹理，散发着一种天然而富有野性的美，宋、明画家多将它们置于文人高士的

[1]《诗经·秦风·小戎》“文茵畅毂”中的“茵”为虎皮。《毛传》：“文茵，虎皮也。”

图3
宋 马和之 《月色秋声图》
辽宁省博物馆藏

身下，用以衬托他们的逸俊高清。如宋人马和之的《月色秋声图》（图3），一位高士斜卧在一张虎皮之上，虎皮旁还置有一壶浊酒，确有那“浊酒且自陶”的洒脱。又如明代卞文瑜的《一梧轩图》，草堂内隐士坐在兽皮之上，草堂外仙鹤翩跹欲飞，物物皆有仙格。

时至今日，我们已很少用到物质层面的“席”，但“席”所蕴藏的文化内涵却深深烙印在了我们的语言当中。例如，“席”常常被用来象征一个人的身份或地位。我们称国家的最高领袖为“主席”，称一个团体中拥有至高权威的人为“首席”，还会用享有“一席之地”来含蓄表达一个人的重要性。同时，一些关于“席”的成语，常常能反映一个人的心情、品性或状态。冯梦龙曾以“坐不安席”来形容郑相祭仲被囚禁时的坐立不安；[2]《左

[2] 详见《东周列国志》第十回“楚熊通僭号称王 郑祭足被胁立庶”。

传》中“居不重席”，即以不铺两层席子来表现吴王阖闾的节俭；[3]以及“席不暇暖”一词，原指孔子、墨子周游四方的劳途奔波，今天仍被用来形容繁忙。

（2）倚几而歌

由席的纵横编织到几的榫卯勾结，乐章迎来了第一个起伏。几是与席居生活相伴相生的一类家具；它与席一样，既是古人生活中的用品，也被视为一种仪礼符号。尽管在今天我们的家中已很少用到几，但在历史上，它也曾与席一样辉煌过。

史书所载最早使用几的人，是西周的成王。《尚书·顾命》中写道，身患重疾的周成王“凭玉几”，即倚靠着玉几，召见大臣们交代身后之事。翌日，成王驾崩，周公和毕公令人准备康王即位仪式的用具。“黼”是黑白相间的纹饰，“黼扆”是饰有黑白相间纹饰的屏风。在布置明堂时，要有“黼扆”及帝王临终专用的幄帐“缀衣”，并且在四处置“几”。一处在朝南的窗户下，放置彩色玉几；一处在西墙下，向东放置饰以“有纹之贝”的几；一处在东墙下，向西设雕玉几；最后一处在西厢夹室，向南放置漆木几。这些几均为王生前所用，而每种几都有各自的作用，孔颖达认为华玉几用于“见群臣、觐诸侯之坐”，文贝几用于“旦夕听事之坐”，雕玉几则用于“养国老飨群臣之坐”，漆几则用于“亲属私宴之坐”。

当然，上面提到的几并非当时“几”的全部。据《周礼》记载，与“五席”制度相对应，“几”也分五大类。即王可用“左右玉几”、诸侯可置“右雕几”、国宾可置“左雕几”，甸役[4]时为“右漆几”、丧事时专用“右素几”。湖南长沙浏城桥一号墓出土的春秋晚期的几，是漆木几的代表作。这件漆木几造型端庄，体型较高，通高47厘米，长56厘米，几面最宽处23.8厘米。几通体髹黑漆，几面略有弧度，饰有卷云纹样，两端还雕有兽面。几足作栅栏式，此式也被称作栅足，一直到唐代都十分流行。

几在汉代的画像砖中常常出现，并出现了一些新的形式。如安徽天长三角圩汉墓，出土了一件可折叠的栅足漆几。几的特别之处不仅仅在于可以折叠，更可以通过移动栅足下方的横木，来调节几面的高低。寄寓在木几里的人性化设计，闪烁着人本位的光辉。在山东沂南画像石中出现了双

[3]《左传·哀公元年》云：“昔阖庐食不二味，居不重席，室不崇坛，器不彤镂，宫室不观，舟车不饰。”

[4]甸役，即王射猎。

层栅足几，上层的几面为攒框结构，中间还放置有物品。另一件双层几则与它不同，在河南密县打虎亭一号墓壁画中出现的双层栅足几，则是由一大一小两只几叠放而成的。如此组合，在使用时会更加的灵活。

魏晋南北朝时期，尽管家具在这一时期逐渐增高，但几仍旧是这一时期常见的家具。在魏文帝曹丕所书的《敕还师诏》中，有“此几上肉耳”一言。虽然在句中，“几”只是被拿来打个比方，但可见当时人们吃饭时，是离不开它的。在新疆吐鲁番阿斯塔那古墓群出土的《墓主人生活图》（图4），反映了墓主人生前真实的生活情景，画面中便有一件三层的置物几。这件几虽然只有寥寥数笔，我们却能够清楚地看到上面放置着不少东西，其下面的栅足也是一目了然。可以说，它是晋朝人对汉代双层几的一种继承与发展。三足凭几是这一时期对凭几的一次创新，尽管在战国楚墓中便已发现有漆木凭几，但三足凭几的稳定性无疑要胜过以往的双足凭几，其三足所构成的弧形结构在使用时也更为舒适。

图4
东晋 《墓主人生活图》（局部）
新疆维吾尔自治区博物馆藏

唐宋时期，是席居生活最后的余晖，然而几却并未就此消沉。一部分置物几仍保留着那魏晋士人的清逸之气，造型简洁大方。在传为宋代马和之所

图5
宋 李公麟《维摩演教图》中的几
故宫博物院藏

作的《诗经·小雅·节南山之什图》卷中，一只简洁宽大的几放在席的一侧，上面还放有叠好的衣物。画面淡雅静谧，构图古意盎然。这一时期，出现了专门放花、焚香的几，其中不乏雕镂繁缛之作，如《维摩演教图》中央的那只几（图5），上有弥敦座式结构，几足雕镂得十分舒卷，宛若初展的藤蔓。

宋代以后，席居的生活方式被打破，而与席居生活相伴相生的几却仍旧保持着活跃的姿态。在《红楼梦》中王夫人日常居坐的耳房，“临窗大炕上铺着猩红洋罽，正面设着大红金钱蟒靠背，石青金钱蟒引枕，秋香色金钱蟒大条褥。两边设一对梅花式洋漆小几。左边几上文王鼎匙箸香盒；右边几上汝窑美人觚——觚内插着时鲜花卉，并茗碗痰盒等物。地下面西一溜四张椅上，都搭着银红撒花椅搭，底下四副脚踏。椅之两边，也有一对高几，几上茗碗瓶花俱备”[5]。其中梅花式洋漆小几是这一时期新型的炕几。

炕是一种可以烧火取暖的“床”，随着满人入关建立清朝而在北方流行起来。而炕几也在此时遍地花开，成为一种常见的家具。洋漆几最早是由东洋进口而来，并非一般人家可以享用，在《红楼梦》中，也只有皇妃贾元春的母亲用得起，由东洋进口的洋漆制品，即使是在宫中，也并不多见。炕几常成对设在炕床两侧，摆放一些装点室内及随手可取的物品。在故宫的一部分寝殿中，

[5]（清）曹雪芹著；无名氏续；（清）程伟元，（清）高鹗整理；中国艺术研究院红楼梦研究所校注：《红楼梦》，页46-47，人民文学出版社，2019年。

还保留着炕几在当年使用时的原貌。

在王夫人的炕边，是一溜配有脚踏的椅。椅子两侧有一对高几，常用来放花、焚香，所以也常被称作花几或香几。这种几的造型一般柔媚且高挑，如同女人婀娜的腰身；或描金或透雕，或施珐琅或嵌美石，总之是尽能工之巧。清宫旧藏的明代黑漆嵌螺钿龙戏珠纹香几，海棠花式的几面中，以彩绘与嵌螺钿并用，共同刻画了一幅生动且华美的龙戏珠图。几足似鹤腿，修长而柔雅，托泥上绘有鱼藻纹，十分有趣。

（3）月落锦屏

屏风一曲，是由榫卯和合而生出的伴奏。它低沉而悠远，自始至终伴随着人们的生活。它可长可短，有扬有抑；它存在的并不扎眼，却又不可或缺。若没有它，家具历史的这部交响曲不知要单薄多少。

在今天，我们可以故作斯文地说“扆”，或班门弄斧地称“皇邸”，总之都是屏风。然而在以前，屏风、扆与皇邸却是不同的。《释名·释床帐》中说：“扆，倚也，在后所依倚也。”又说：“屏风，言可以屏障风也。”扆是放在身后，屏风则放置在左右。而“皇邸”，最初是在祭天时放置在皇帝身后的板，所以后人也将它解释为“后版”。但随着时移世易，三者的区别也就逐渐模糊了。

《礼记·曲礼下》中写道：“天子当依而立，诸侯北面而见天子。”其中的“依”便是“扆”，类似于今天的屏风。孔颖达进一步描述了扆的形式为“状如屏风，以绛为质，高八尺”。可惜由于时代久远，西周的扆或屏风，并未留下实物。我们在今天能见到的最早的屏风实物，已是战国楚墓中出土的漆木屏风了。这些漆木屏风久经岁月的琢磨，虽不比当初光滑明丽，但我们还是能一窥它当时伴帝王将相左右的雄风。湖北江陵望山一号战国楚墓出土的透雕彩漆小座屏，就是这一时期漆木屏风的代表作。屏心内雕有鹿、鸟、凤、蛙的动物造型，个个都是神采飞扬；屏风底座则由若干条蛇盘曲缭绕而成，使人油然生出一心敬畏之感。

屏风是席居生活的一部分，它并非最为实用，却备受古人的重视。据汉桓宽《盐铁论·散不足》记载，汉代富贵人家对屏风十分地讲究，“一屏风就万人之功，其为害亦多矣”。在官宦人家，它是财富与地位的象征，在书

图6
东汉 玉插屏
河北定县中山穆王刘畅墓出土

香门第，它是品性与气节的映像。东汉李尤在《屏风铭》中曾说：

> （屏风）舍则潜辟，用则设张。立必端直，处必廉方。壅阏风邪，雾露是抗。奉上蔽下，不失其常。

这屏风，不用时潜匿回避，用时方陈列打开；静立时端庄而正直，处事时清廉而方正。阻挡风寒，抵御雾露；侍奉尊长，庇护下属，不会有违常度。可见，它有着如魏晋士人心目中竹的内涵。使用者对它如此看重，是不无道理的。

出土于河北定县东汉中山穆王刘畅墓中的玉插屏（图6），是置于室内陈设的一种屏风。这种屏风已不具备最初遮挡风的功用，但却以玲珑华美的雕琢，呈现出使用者的品位。

玉在古人的心中，具有至高无上的地位。在殷商时期，玉具有更多的神性，而从西周开始，人们则赋予玉更多的品德。《礼记·玉藻》中说：“凡带必有佩玉，唯丧否。佩玉有冲牙；君子无故，玉不去身，君子于玉比德焉。”玉与君子，实为浑然一体。

在以往的文献里，也多有关于玉屏的记载。然而遗憾的是，目前考古出土仅此一件。据文献记载，在南齐高帝建元初，“时襄阳有盗发古冢者，相传云是楚王冢，大获宝物玉屐、玉屏风、竹简书、青丝编”（《南齐书卷二十一·列传第二》）。或许是因无人不爱这些美轮美奂的玉屏风，经历各种变故与战火，它们早已隐匿在历史的洪流之中。当然，那略过纸笔的龟甲屏风、紫琉璃屏风，就更难觅寻其踪了。

论起穷奢极华，一定无法避开魏晋南北朝时期那些皇亲与氏族在生活中的各种排场。据《拾遗录》记载：“孙亮作琉璃屏风，甚薄而彻。每于月下清夜舒之，常爱宠四姬，使坐屏风中。外望之，乃如无隔，唯香气不通于外。”月色朦胧，吴主懒卧屏内，赏轻歌曼舞。薄如蝉翼的屏风阻断了袅袅挥生的香气，却巨细无遗地袒露了其间的香艳。又如晋时的曹摅，曾以“华屏列曜”来形容众屏辉照的瑰丽；那些精美的屏风，简直堪比夜空中的群星。

这一时期的屏风，逐渐开始登上了魏晋时人的床榻，并在日后逐渐与床、榻等家具融为一体。《太平御览》引《东宫旧事》记载，“皇太子纳妃有床上屏风十二牒”，从同时期的图像资料来看，其形制大抵约如《女史箴图》中床上的十二围屏（图7）。在使用时，配有“织成、漆连、银钩纽”，格外考究。

图7
东晋 顾恺之
《女史箴图》（局部）
英国伦敦不列颠博物馆藏

屏风在唐代一展丰盛的容貌，仅出现在唐墓的壁画中，就有三十多处。唐代的屏风多雍容，有着同大唐女人一样的骄傲与自信。唐代的女人有着牡丹一般的明媚，但又比牡丹鲜亮，在屏风中，自然少不了她们的丽影。如陕西西安南里王村韦氏墓壁画中的6幅屏风画，依次排开在墓主人的棺床后方。从远处望去，与棺床宛若一体。画面中6位女子神态各不相同，有的执扇，有的拈花；画中既有琴瑟之雅，也有草木之趣。此外，日本正仓院藏的唐代鸟毛立女屏风，全以贴鸟羽作画，工艺极为精湛。

可惜，一代盛唐气象终随唐王朝的灭亡而消散。从此，洗尽铅华的并非宋人生活的面貌，实为宋人心中的意境。宋人的屏风，更富画意。在宋人笔下，它是书阁中的爱物，“珊瑚新笔架，云母旧屏风”（宋丁谓《和钱易》）。在宋人的词中，它是帐前月色下的闺房厮守——“记得那时节。绣被剩，画屏空。如今在梦中”（宋无名氏《更漏子》）。宋人的屏风多恬淡气质，其中山水画屏多意境深远。如顾闳中《韩熙载夜宴图》中的围屏，山崇高而不陡峻，笔墨冲淡而流畅。又如元代刘贯道《消夏图》的屏中屏，确有那庄周晓梦迷蝴蝶的味道。

明代屏风的艺术风格，与宋代的屏风一脉相传，却又多了绮腻的情思。尤其是宫中的屏风，即使只是起居之间的妆点，也格外的仔细。从形制上看，明代的屏风主要有座屏、曲屏、插屏与挂屏四种，这些种类一直延续到了清代。清宫旧藏的黑漆百宝嵌小插屏（图8）是特具明式风格的精品。屏心简洁素雅，虽饰有螺钿、象牙、玉石、玛瑙等珠宝，却是十分的玄幽内敛，毫不浮华。

清人也十分欣赏明人的审美，于是偷偷在那屏心动了手脚。一件明代黄花梨的屏框内，一位清代仕女坐在屏心（图9）。她衣衫华美，气质典雅，与侍女手中的红珊瑚互相辉映。黄花梨的大框，上下及两侧开孔处，皆透雕螭纹；屏风敦厚的抱鼓墩，有着明式家具特有的沉稳。那仕女观宝的琉璃油画屏心，制作于清乾隆时期。明代的框架与清代的绘画相结合，碰撞出另一种意趣。

如果说插屏演绎的是轻快的调子，那围屏演奏的曲风一定是宏大的。尽管小巧的屏风多令人爱不释手，但那“独当一面”的围屏，也同样享受

图8

明 黑漆百宝嵌小插屏

故宫博物院藏

图9

明 黄花梨仕女观宝插屏

故宫博物院藏

着工匠们的精巧技艺。

《红楼梦》中，贾母80大寿，江南甄家送来一架12扇的大屏，一面是用大红缎子缂丝绣的《满床笏》[6]，一面是以泥金手法绘制的《百寿图》，用王熙凤的原话来形容，是“头等的”。而这“头等的”，宫中自是不少。故宫的这组描金彩绘人物花鸟图围屏（图10）制作于清早期，3米有余的高度，足以令人仰目以观。描金彩绘的手法，使它从故宫众多的屏风中脱颖而出。两件屏风的尺寸相同，都由12个扇面组成；周围一圈都描刻博古纹样，琳琅满目且色彩鲜艳。每座屏风的扇面均以挂钩相连，使用时可捭阖自如。两者唯一不同的是屏心的图案。一幅描绘古代历史故事：亭台楼阁叠错，人物纷至沓来；另一幅描绘神话故事：山水楼榭分立，仙人乘祥云归。

围屏除了划分空间的作用外，还可以起到遮蔽及装饰的效果。根据民国时期留下的资料可以知道，当年的体和殿内置有一件“东洋绣花围屏”和一件4扇的“红缎绣鹤围屏”。它们不仅起到了阻挡视线的效果，同时又十分典雅大方，可令后宫日复一日循规蹈矩的生活，也有花鸟做伴。的确，一入深宫里，再丰富的情感亦只能寄于檐牙四角。不论是皇帝，还是那后宫的妃嫔，都无法洒脱。常闻江山多富庶，无奈身不自由，唯有想尽办法，从眼前观。

紫禁城的殿阁中，多装饰有挂屏，挂屏的题材也包罗万象。其画面栩栩如生，身在宫中，也可一舒心结。挂屏如画，却比画更有立体感，它对工匠的美术造诣与手艺都有极高的要求。图中这对挂屏（图11），有着水粉画式的明艳。周围是紫檀木雕花攒边，中间是画珐琅花鸟屏心。那枝头的鸟压得枝条微弯，花透过石缝开得妖娆。画面似动却静，确实能逗得观者开怀。

2．席地而坐　俎案而食

筵席一词，经过千百年来的文化沉积，几乎已成了宴饮的意思。然而追根逐源，筵席为开端。从此，家具的演化绵延不绝，愈加丰富多彩。

（1）俎以祭礼

《左传·成公十三年》中曾道：“国之大事，在祀与戎。”俎作为一

[6] 典故出自《旧唐书》，有福禄昌盛、富贵寿考之意。

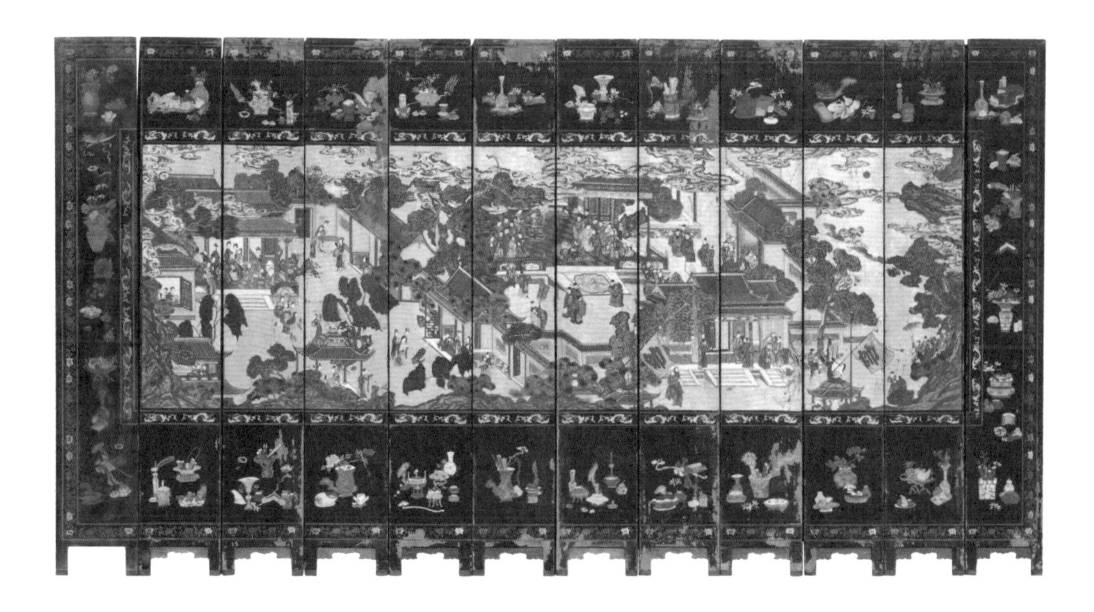

图10

清早期 描金彩绘人物花鸟图围屏

故宫博物院藏

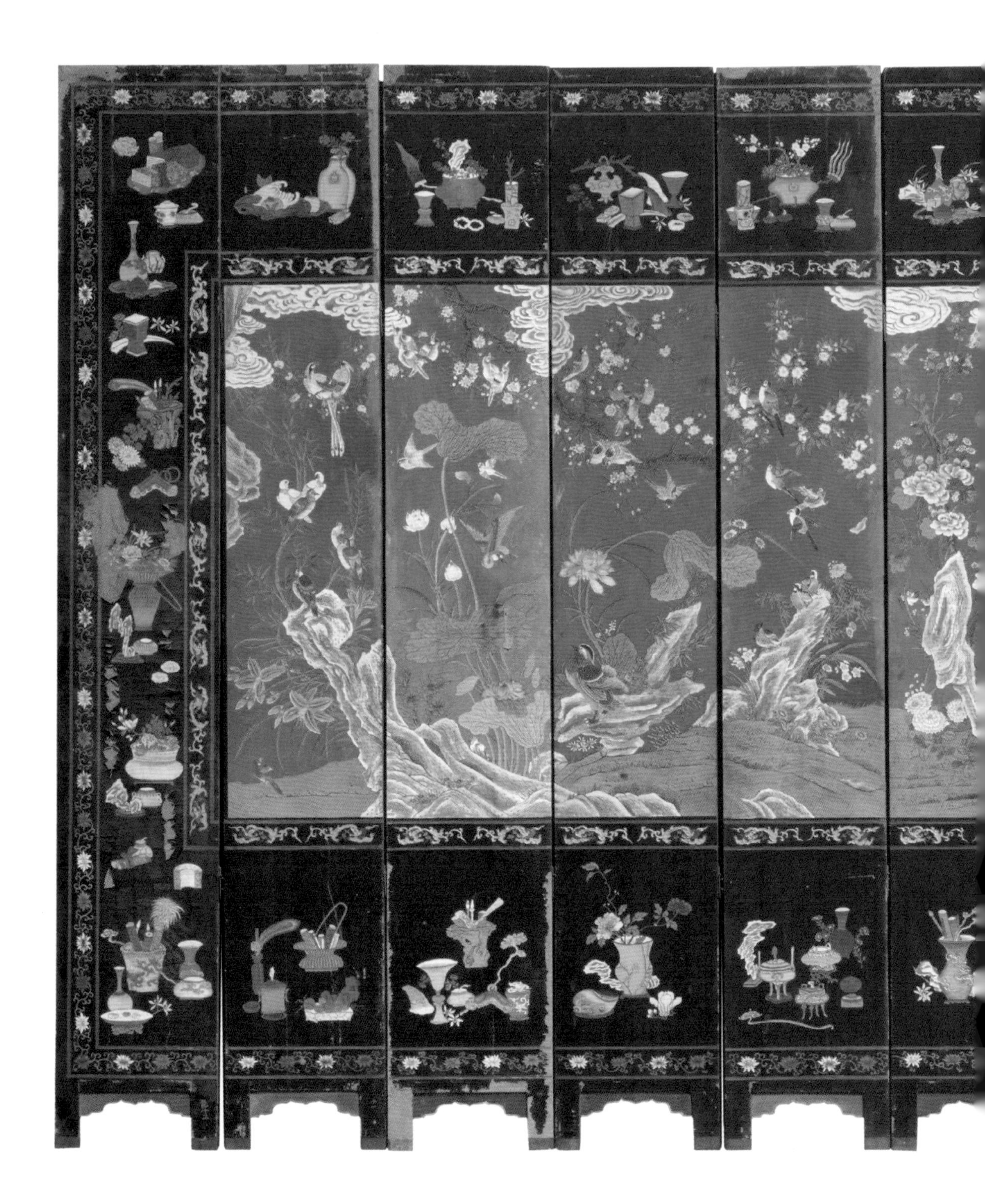

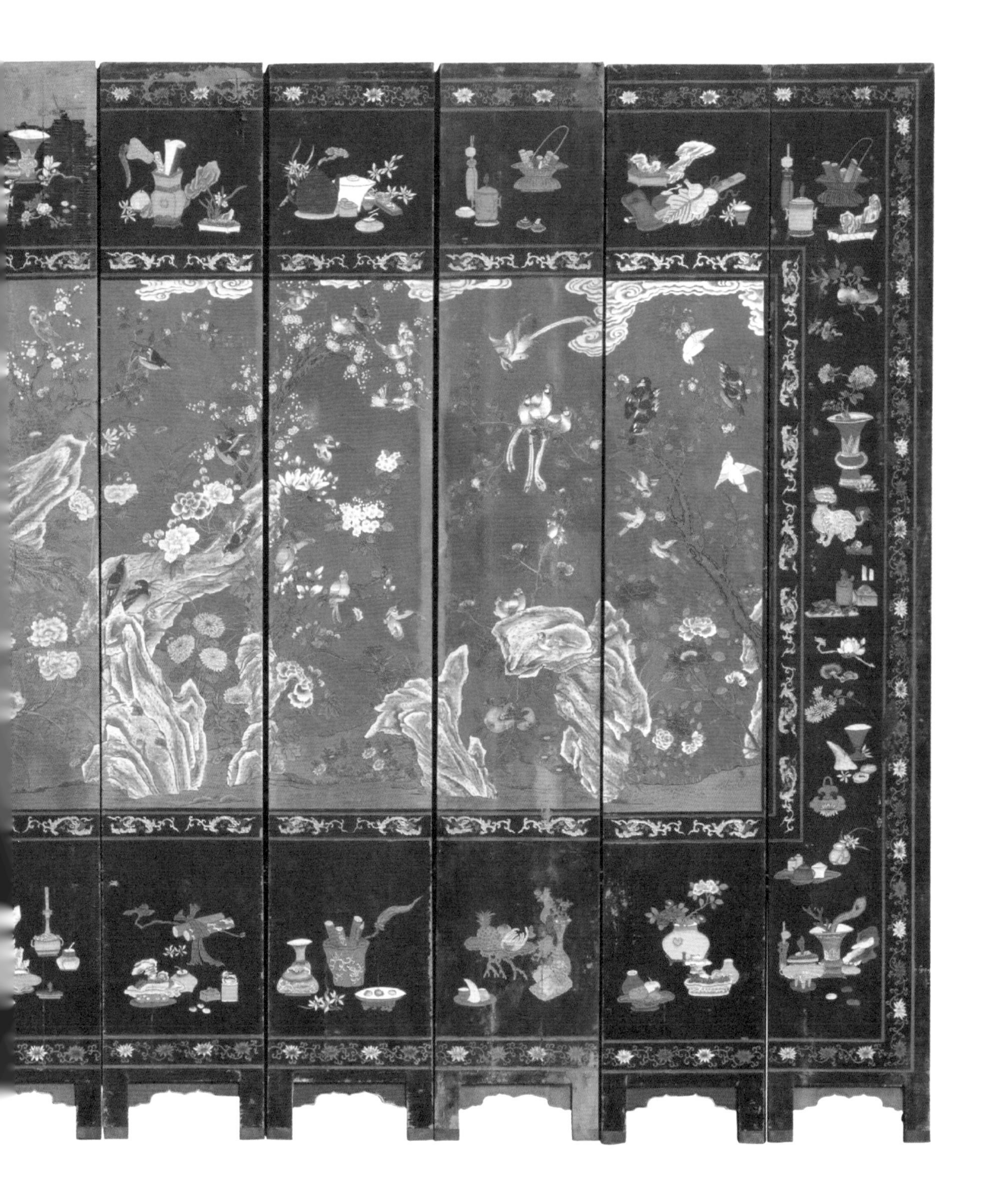

图11
清中期 紫檀边框嵌画珐琅花鸟挂屏（一对）
故宫博物院藏

种承具，最初是专用来盛放牺牲（原意为祭神的牲畜）的。这些精挑细选而来的祭神之物，是古人心目中的至味，或许也是今人“舌尖上的中国”的古老源头。

祭祀在上古先民的心中，具有非凡的意义。尽管一国之君常常要以“大羹不致，粢食不凿”（《左传·桓公二年》），即食用没有味道的肉羹及粗粮来昭示自己的节俭。但祭祀的牺牲往往要优中选优，使用如牛、羊、豕、犬等牲畜作为祭品，在商代，甚至还曾使用过人祭；而像“鸟兽之肉”，则万不可登于俎。在周代礼书中，对俎使用的场合及其盛放的物品有明确的规定，如《周礼·乐记》中记载：“大飨之礼，尚玄酒而俎腥鱼。”在祭祀先王时，酒肉都不能少。同时，在宴享上，也要“铺筵席，陈尊俎，列笾豆”，来“偩天地之情，达神明之德”。在《诗经·小雅·楚茨》中，我们仿佛能听见当时人们在祭祀仪式中的欣欣悦悦。那祭祀用的巨大的俎和众多的豆，无不体现着先民祭“先祖”以及“神保”时，恭敬而虔诚的心。

俎祭天，而后礼人。《礼记·燕义》中便曾说道：“俎豆，牲体，荐羞，皆有等差，所以明贵贱也。”宴饮时会根据使用者身份的尊卑有别，布置不同规格的肴馔。俎的字形，据汉许慎《说文解字·且部》中说：“俎，礼俎也。从半肉在且上。”其中的“半肉”，便是用于宴飨的。在古代，唯有在最高等级的祭祀上，方可用整只牲体，将牲体全部升于俎上称为“全烝”。而使用半只牲体名“房烝”，是用来享礼来朝觐见的诸侯国君的。至于另一种肴烝，则是以肢解切块后的牲体连骨带肉升于俎上，通常是用来礼“众宾及众兄弟、内宾宗妇”的。在《左传·宣公十六年》中记载：“王享有体荐，宴有折俎，公当享，卿当宴，王室之礼也。”其中的“体荐”，用的便是半只牲体，亦即许慎所理解的“从半肉”的“礼俎”。当然，不管是半肉还是整只牺牲，俎总是用来放肉的。这种功能也决定了它的形态——面板两头微微翘起，中间微微凹下，呈现出一个和缓的弧面。

俎出现的很早，它是家具历史中序曲的一部分。据《礼记》记载：俎，有虞氏称它为“梡”，夏后氏称它为“嶡”，殷商时它被称作“椇”，直至周才更名为“俎”。虽然其真实性已难以考证，但足以说明俎的历史非常悠久。就目前考古发现来看，最古老的俎来自新石器时代晚期的陶寺遗址，为迄今发现最早的木制家具，距今约有4000年的历史。除了木俎，考古还发现有厚重的石俎、形饰俱佳的漆器俎，与纤细的镂空青铜俎。[7]其中陕西长安张家坡115号墓出土的西周漆俎上嵌蚌饰，造型端庄，装饰华美，是商周时期北方漆木家具的重要代表作。

随着生产力的逐步提升，人们将对神明的关注，慢慢转向对民生的关怀，俎的意义也随之淡化，并逐渐成为一种文化记忆。今天我们仍旧在使用的“人为刀俎我为鱼肉”，便是它留给我们的文化烙印。

（2）酒以禁棜

与俎同时存在的另一种祭祀承具是禁。据《仪礼·士冠礼第一》中

[7] 如现藏于河南博物院的淅川下寺出土的春秋镂空铜俎，造型纤丽优雅。

记载："尊于房户之间，两甒有禁，玄酒在西，加勺南枋。"在仪式上，俎上放置牲体，禁上则是专门放置酒器甒。郑玄进一步解释道："名之为禁者，因为酒戒也。"商人好饮酒，相传纣王筑酒池肉林，终致亡国，所以周人对于酒，格外的警醒克制。在《诗经·大雅·荡》中，我们能清晰地听到周文王的慨叹："哎！哎，你这殷商！老天不让贪恋美酒，更何况你如此失常！酩酊大醉不像样，没日没夜饮琼浆！时而呼号又癫狂，白日黑夜全将忘！"正所谓"殷鉴不远"，实在令周人不得不提防。所以周代在建朝之初，统治者便为酒器专设酒禁，希望自己的子孙不要重复商亡的历史。

周是礼制兴起的时代，这一时期，任何用具都有自己的常度，禁也不例外。它不仅仅是一面宣教后人的旗帜，同样也体现着礼的精髓。据礼书记载，禁的使用范围也很广泛，婚、冠、射等祭祀礼仪中都需要用到禁。其中，时而用有足的禁，时而用无足的禁。有足的禁，就名为"禁"；而无足的禁，则名为"棜" 或"斯禁"。《礼记·礼器》中说："天子诸侯之尊废禁，大夫、士棜禁。此以下为贵也。"在祭祀中，有时会以低微为尊贵。所以，天子与诸侯可以直接将酒器置于地面，显得恭敬而虔诚，大夫可以使用无足的"棜"，士则需使用有足之"禁"。

目前出土的最为精美的禁，当属河南淅川下寺二号楚墓中出土的春秋云纹青铜禁（图12）。禁沿攀附着12条口吐长舌的透雕夔龙；舌尖微卷，搭在禁面之上。禁身下面是12条透雕的夔龙足，相貌毫不狰狞，反倒有点可爱。此外，在湖北随州曾侯乙墓出土有3件漆木禁，它们是战国时期楚文化的产物。禁面由一块整板斫出，上有一周浮雕兽面纹的宽矩形框；每个矩形里面各有一个圆环，圆环周饰S纹。漆禁双侧足由一对两两相背的凤鸟构成，那昂首挺胸、亭亭玉立的身姿，全是一代诸侯的骄傲。

孔颖达在注疏《礼记·礼器》时曾说道："棜长四尺，广二尺四寸，深五寸，无足，赤中，画青云气、菱苕华为饰。"这大概只是唐人对漆木棜的描述。1901年，在陕西宝鸡斗鸡台出土了一批宝贵的青铜器，其中与青铜棜一同出土的有觚、卣、爵等青铜酒器。它们的横空出世，使今人更加贴近了棜在西周时期的原貌。

图12
春秋 云纹青铜禁
河南淅川下寺二号墓出土

禁也好，棜也罢——最终随着礼崩乐坏走向了衰亡。然而它们曾经的故事，却为日后新家具的出现谱写了序曲。那日后的案，勇敢接过了俎与禁的担当，成为今后千年可以独当一面的承具。由此，又将会产生一篇平波缓进的新乐章。

（3）亦案亦桌

在西周时期，案也是那盛宴上不可忽视的精彩。俎上之牺牲，禁上之琼浆，那案上必有珍馐。宋人高承在其《事物纪原》中说："案，盖俎之遗也。"的确，案与俎、与禁都十分相似，都为西周时期承载物品的礼器。据《周礼·冬官·考工记》记载，诸侯夫人可以享用十有二寸的案。东汉经学家郑众认为此中之案是玉案，另一位经学家郑玄则认为是"玉饰案"。不过不管怎样，终究是与玉有关的。郑玄更进一步阐述了其中所用玉的种类为青玉。其实，以玉制礼器在周代并不罕见，玉在此时已是各种祭祀仪式上的主角。如《周礼·天官冢宰第一》中所说："祀大神示亦如之，享先王亦如之，赞玉几、玉爵。大朝觐会同，赞玉币、玉献、玉几、玉爵。大丧，赞赠玉、含玉。"不仅在祭享神祖时要使用玉几、玉爵，就连诸侯大会来朝用的礼器，也有用玉制或玉饰的。由此看来，以玉制作"诸侯以享夫人"的案，也是在情理之中的。

西周时期的案，已鲜有遗存，但一些精美的战国案，幸存了下来。在为数不多的青铜案中，以河北平山战国中山王墓中出土的战国嵌错龙凤方案（图13）最为著名。其中漆木案面已经腐朽，唯有铜质案座依旧气势蓬勃。嵌漆木案面的青铜方框，由4条探出的龙头共同承托；在每两条龙头之间，各有1只展翅欲飞的凤鸟。龙与凤的身体缠绕盘错，你我难辨。就在其下面，还藏有4只伏在地上的小鹿。青铜方案上错金银，工艺精致细腻，具有极高的艺术价值。河南信阳长台关一号墓出土的漆木案，是同时期漆案的代表作。案足为铜质兽蹄足，足端衔接案沿处各探出一铺首衔环。髹红漆的案面上，排列着21个整齐的涡纹，很是规整。

汉代案的审美风格沿袭了战国案所体现出的端庄宏丽之美，但在种类上又有所增益。这一时期出现了更多的高型案（图14）、圆案（又称“檈”），以及叠案。其中高型案常用于酒肆、庖厨等劳动场所。矮足圆案及方案则可重叠多层，形成叠案。其中，高案的出现预示着家具的一种新的发展趋势。尤其在魏晋之后，伴随着坐姿形式的改变，得到了迅速的发展。这一时期，人们还对案的功能又做了扩张与细分。除食案外，又出现了书案、奏案。

1984年发现的朱然墓，出土了多件漆器制品，其中一间漆木案尤为特殊，它向今人呈现了三国时期美妙的漆木艺术。由于案面上绘有当时人们宴乐时的盛大场面，所以今人也常称它为《宫闱宴乐图》漆案（图15）。漆案面长82厘米，宽56.6厘米，足足有55个人物形象。在热闹的宴会上，似有皇帝的开怀大笑，妃嫔的娇羞巧笑，王侯夫人的嫣然一笑，还有孩童们的天真欢笑——一幅有声的画面，好不逸趣横生！

南北朝时期的家具，如同此时文坛弥散的错彩镂金之风，也都是精雕细琢，愈加奢华。即使是那漫溢墨香的书案，也多绮丽繁缛。在梁简文帝的《书案铭》中写道：

刻香镂彩，纤银卷足。照色黄金，回花青玉。

漆华映紫，画制舒绿。性广知平，文雕非曲。

厕质锦帷，承芳绮缛。敬客礼贤，恭思俨束。

披古通今，察奸理俗。仁义可安，忠贞自烛。

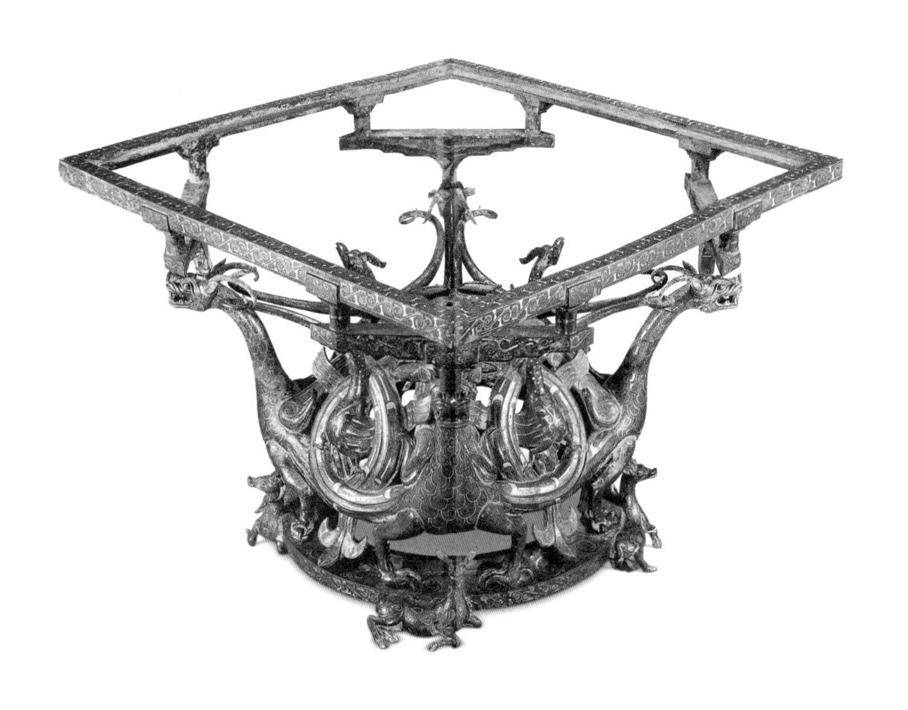

图13
战国 嵌错龙凤方案
河北博物院藏

图14
东汉 画像砖羊尊酒肆中的案
四川博物院藏

鉴矣勒铭，知微敬勖。

在简文帝面前的，是览古阅今、明辨是非、抚安天下、铸勒功名的书案，也是一件香木细琢、金银交错、髹漆绘彩、鬼斧神工的艺术品。

图15
三国 《宫闱宴乐图》漆案
安徽马鞍山朱然墓中出土

然而，“南朝四百八十寺，多少楼台烟雨中”（杜牧《江南春》）。杜牧的一句慨然，见证了一世浮华。隋唐时人，已不再擒住案不放；日渐强盛的国力与家具发展的恰到好处，赋予了此时人们更多的选择——桌出现了。桌最早作“卓”，具有“高”的意思[8]。大约因为最初的桌多为木质，所以后人又将“卓”下多添了一撇一捺，成了今天的“桌”。桌与案同为承具，方形案与桌在形式上非常相似，但桌的名字却暗示了它与案最初的区别。在唐代，一些案已经逐渐增高，有了一定的高度，可由于席居方式依旧普及，低矮的案仍旧占据着生活的主流，桌却不同。桌一出现，便以“卓绝的高姿态”而至。这使得唐人尚能够根据高矮，粗略地分辨它们。

然而，随着案的高度在宋代以后“突飞猛进”式的增加，桌与案的高矮分别愈发变得不再重要了。于是，世人含混地合称“桌案”罢了。如下面两件清宫旧藏的明式家具，远看恰似孪生同胞，却是一桌一案[9]。图中这件黑漆洒螺钿双龙戏珠长方案（图16），案腿以插肩榫的方式与案面结合，与牙条形成优美的拐角。案的腿足呈剑式，下刻方形马蹄，透露着一丝乖伶。木案通体髹黑漆，却因洒有螺钿，仿佛蒙着一层薄薄金线细纱。

[8]（汉）许慎《说文解字》云：“卓，高也。”
[9] 此处采用胡德生先生《故宫明式家具图典》中的命名。另本书家具图题多采用“故宫经典”系列丛书《故宫镶嵌家具图典》《明清宫廷家具》《故宫明式家具图典》《故宫彩绘家具图典》《故宫紫檀家具图典》中的命名。

图16
明 黑漆洒螺钿双龙戏珠纹长方案
故宫博物院藏

图17
明 黄花梨喷面式方桌
故宫博物院藏

案内底部刀刻描金“大明万历年制”款；案的整体造型有着明式案的遒劲与沉稳。

与它同样可人的是黄花梨喷面式方桌（图17）。桌面为攒框结构，边抹甚宽。于是，那四条腿缩到了里面，这种结构也被称为“喷面式”。桌面下有4根横枨，因为中间高高弓起，所以也叫作罗锅枨。作为一件典型的明代苏作家具，虽然方桌用料名贵，却又气质低调，线条洗练而流畅，透着一股江南水乡的灵透。

明清时期桌案的形式多变，在细节上常有新意。如将雕镂描绘等工艺运用到原本简洁的束腰当中。图中这件紫漆描金花卉纹长方桌（图18），它束腰的每一侧都透雕着精美的卷草纹，并描有金色。当然，作为供帝后用膳的膳桌，工匠对它的精雕细琢不止如此。在桌的每一个角落，均描金花卉；桌腿下也毫不马虎地做了内翻回纹马蹄，好似腾云驾雾一般。的确，贵为天子的生活用品，自然也被浸染了天的神性。

明清的工匠们不满于那易被忽视的束腰，于是索性也将案面上的翘头做了花样。翘头案一般靠墙放置，如图中的这件故宫藏黑漆嵌螺钿云龙纹翘头案，如今立于储秀宫东梢间（图19）。案通体髹两色漆，全身外侧均

图18
清中期 紫漆描金花卉纹长方桌
故宫博物院藏

髹黑漆，牙头内侧则髹红漆。全身多流云纹与龙纹，翘头亦不例外，如龙徜徉在云间，盛气凌人中带有神秘。那案面中间黑底上嵌有五色螺钿，上有行龙瞠目云间。绵密的镶嵌与纹饰，令今人也要惊艳一番。

若说束腰和翘头还只是局部的改变，那么工匠们将捧出圆桌与你共赏。圆桌是清代厅堂中常用的家具。如《老残游记续》第一回中写道："（德夫人及诸人）走进堂门，见是个两明一暗的房子，东边两间敞着，正中设了一个小圆桌，退光漆漆得灼亮。"圆桌常在吃饭时用，围一圈人，有满月团圆之意，好不热闹。但清代工匠的智慧不止于此，还设计了更方便摆放的半圆桌。这件填漆戗金半圆桌（图20）为一对，平日可置于厅堂两侧对称陈设，使用时可对接拼合成一个圆桌，十分方便。

紫禁城的各宫殿内，多设有炕床。炕桌与炕案应运而生。炕上家具通常比较低矮，尺寸也略小于放置在地面的同类家具。如原置于故宫寿康宫的这件填漆戗金花卉纹炕案（图21），虽然长160厘米，但宽仅30厘米，高也不盈40厘米。它修长的案面上绘有茶花、蝴蝶与并不嶙峋的洞石，倒是十分淑雅。炕案左右板皆彩漆雕填柔美的勾莲纹，与黑底漆相配，富贵而不宣张。遥想当年居住于此的太后或太妃，每当月落枝头回首往事时，是否也有如这炕案般的淡雅与安适？

余晖闲度的日子怎能少了各色瑶草奇花。在炕案上的日子，痴对芳菲也会生出一番意境。工匠们似是知心，也默契地创作了图中这件楠木嵌瓷盆炕桌（图22）。炕桌面板边缘内嵌一瓷盆，上可置盆景供人欣赏。当然，即使盆内不置任何东西，青绿坚硬的瓷，与黄色柔韧的木，也是浑融一体，宛若一桌春树。桌前后的罗锅枨上各设有四个矮佬，侧面的罗锅枨上各有两个矮佬，方而厚朴，充满天然的憨态。这别具匠

图19
储秀宫东梢间陈设

图20
清中期 填漆戗金半圆桌
故宫博物院藏

图21
清康熙 填漆戗金花卉纹炕案
故宫博物院藏

心的炕桌在故宫，也是独此一件，十分罕有。

然而，桌与案终究还是不同的。王世襄先生认为：桌的四条腿在桌面的四个角，案的四条腿则往往内收。腿与桌面位置的不同，又导致了两者在结构上出现了质的区别。当然，也有一些特例。在腿足两侧有两根横枨，但无圈口及雕花挡板，并且足底无托泥的桌案，大者称案，小者称桌；若两头翘起，则不论大小，依旧称案。[10]如图中这件红漆描金龙戏珠纹宴桌（图23），四足以插肩榫的形式与桌面相接并缩进桌面下方，但由于

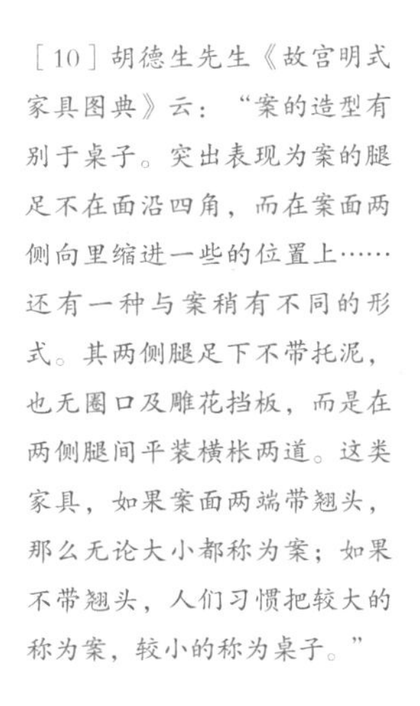

[10]胡德生先生《故宫明式家具图典》云："案的造型有别于桌子。突出表现为案的腿足不在面沿四角，而在案面两侧向里缩进一些的位置上……还有一种与案稍有不同的形式。其两侧腿足下不带托泥，也无圈口及雕花挡板，而是在两侧腿间平装横枨两道。这类家具，如果案面两端带翘头，那么无论大小都称为案；如果不带翘头，人们习惯把较大的称为案，较小的称为桌子。"

图22
清晚期 楠木嵌瓷盆炕桌
故宫博物院藏

图23
明末清初 红漆描金龙戏珠纹宴桌
故宫博物院藏

周围无圈口结构及挡板，蹄形足下无托泥，并且面板两头无翘起，而侧面有两根横枨，所以也被称作桌。

其实，对于今天的我们来说，是桌还是案，已经不是最重要的了。即使“剪不断、理还乱”，又何妨？我们所要欣赏的，是那桌与案共同谱写的桌案文化。当我们每天围绕着课桌、写字台、办公桌忙碌时，或许可以平复一下浮躁的心情，聆听一下它们的声音。也许，它们正在浅唱低吟……

3. 斗转星移　亦榻亦床

床与榻，是榫卯最长情的告白。任斗转星移，曲月流觞，床榻不改其志，与我们厮守在每一个漫漫长夜——不曾离开。

（1）明月皎皎照我床

床的历史，如同一首缠绵的小夜曲，伴着虫鸣，望着月影，宁谧而舒缓。早在甲骨文中，便有作立床形的“爿”字了。尽管今天我们已不再单独使用“爿”，但在“寝”字中，我们依旧还能看到它的身影。随着时间的推移，“爿”又衍化出“疒”；它藏在我们今天常常用到的“疾”“病”“痛”“疲”等字中，十分生动地将身有不适而懒卧床上的形象勾勒了出来，这一躺便是千年。而他们所共有的“疒”字偏旁，许慎在《说文解字》中解释为：“倚也。人有疾病，象倚箸之形。”

从目前考古发现的情况来看，早在距今约6000年左右半坡文化遗址的住屋内，便有如同今天床一样的寝具：提供人们入睡安息的土台。在仰韶文化姜寨遗址一期F1号大房址中，前段左右两侧各筑有高出地面约9厘米的土台，面积分别为17.6平方米和15.4平方米，可同时供多人同寝。据《墨子》记载：

> 古之民未知为宫室时，就陵阜而居，穴而处，下润湿伤民，故圣王作为宫室。为宫室之法，曰：“室高足以辟润湿，边足以圉风寒，上足以待雪霜雨露，宫墙之高足以别男女之礼。”

可见，土台的出现，使当时古人的生存条件得到很大的改善。那叛离地面的土“床”，保佑着辛勤劳碌的古人，暂获一夜酣甜。

随着人类社会的进步，建筑形式发生了改变，最原始的“土床”，也在能工巧匠的手中获得了新生。至少在西周时期，床与地面已不再连为一体；床下已经有了一定的空间。《诗经·豳风·七月》中说：

> 五月斯螽动股，六月莎鸡振羽。七月在野，八月在宇，九月在户，十月蟋蟀入我床下。

伴着虫鸣，跨越春华秋实，辛劳已久，岁聿其莫，床如同一天的终点，此时也将为这一年画上句号。此时，诗人卧在床上休息，一只蟋蟀也跟随到床下。于是，床下的空间也成了蟋蟀的家。即使是在黑夜里，也显得生机盎然。

然而，巧于利用床下空间的不只是那 “不速之蟋蟀”，更有聪颖之人将它“物尽其用”来“解暑”。《左传·襄公二十一年》曾写道：“方暑，阙地，下冰而床焉。重茧，衣裘，鲜食而寝。”其中的主角是昔日楚国的申叔豫，他因不满“国多宠而王弱”，于是辞病回家。然而此时恰逢天气炎热，于是他灵机一动，令人挖地置冰，将床放在上面，而自己则裹着厚重的棉衣裘皮躺在床上，表现出一副虚弱的样子。不得不说，这真的是一个有趣且巧妙的想法。

春秋战国时期的床，不仅工艺十分精美，而且使用起来也十分灵便。1978年，在湖北荆州包山二号楚墓出土了目前唯一一张保存完好的漆木折叠床（图24）。床由完全对称的两个半边构成，床框与可以拿下来的横枨用穿榫勾连结合。将床的两个半边拼合后，折叠床全长220.8厘米，宽135.6厘米，通高38.4厘米，十分的宽大。床上设有低矮的围栏，高14.8厘米。床通体髹黑漆，外侧髹红色回纹图样。折叠床整体造型端庄、风格素雅，是楚文化中实用家具的经典器物。

汉代以前的床，虽然床底下已经具有一定的空间，但还比较低矮。在魏晋时期，斗栱工艺迅猛发展，斗栱在建筑上的应用也愈加频繁，这使得此时期的建筑，逐渐变得更加高大宽阔，厅堂也更加敞亮了。[11]得益于环境的改变，魏晋南北朝时期的家具，不仅在品类上开始壮大，在造型创变

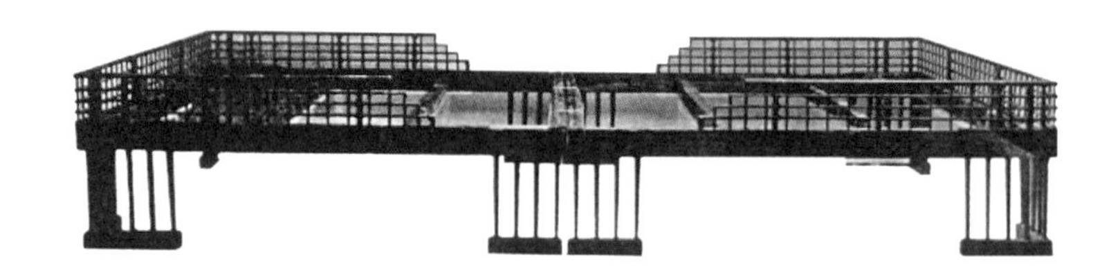

图24
战国 漆木折叠床
湖北荆州包山二号墓出土

[11] 杨泓在《考古学所见魏晋南北朝家具》中说：“响堂山石窟的发现……表明南北朝晚期木构架建筑已趋成熟。斗栱的发展，使殿堂屋宇出檐更深远，利于遮蔽风雨，改善了采光条件，室内举高增加，空间增大，极大地改善了人们生活起居的条件。”详见《燕衎之暇——中国古代家具论文》，页62，香港中文大学文物馆，2007年。

上，也收获良多。如在东晋画家顾恺之的《女史箴图》中，那寝卧的床已经出现了架子床的雏形。在床的上方，设有俗称“承尘”的顶盖；床的周围设有12个围屏；围屏之上设有寝帐；床前还设有曲栅足几形的榻凳。与图中的人物相比，这张床似乎已经比包山楚墓出土的折叠床高了许多。床上一人侧倚在围屏上，露出半个身子，足够洒脱，另一个人侧身垂足坐在床边。其座下之床，已预示了床这一类家具在其造型及功能方面，将迎来更多的新变。在私密的内室闺阁里，它逐渐化身为雕镂月色的架子床；在日常活动的厅堂，它脱胎成了可以一梦南柯的罗汉床。当拂去它的帷帐、摘下它的承尘时，它又具有了《韩熙载夜宴图》中的三面围屏卧床的形式。

唐代的家具鲜有遗留到今天的，更不用说这么宏制的床了。但从五代画家顾闳中的《韩熙载夜宴图》（图25）中，我们能看到唐宋之交时的床，已经具备精美而完善的形式了。在“听乐”一幕中，韩熙载与状元郎粲，共坐在一张上有围屏的卧床。围屏后面是被帷帐半掩的寝床。在这泛着脂香的床上，团着一件绣花红被，里面还半卷着一把琵琶；这些看似无意倒有心的细节，引起人们无限遐思。在第三幕“间息”中，韩熙载同4位侍女倚在围屏边，慵卧在卧床上。卧床前是一张纤瘦峭拔的高案，案旁的侍女正在伺候韩熙载净手。与此围屏卧床相邻的，是一张稍低矮的寝床。床上散放一被一枕，床四周的围屏上均绘山水图。《韩熙载夜宴图》中的两张围屏卧床，座面都较高；细看会发现，在床沿中间有一处方形区域，似没有座面，而是低陷下去。这致使床面呈现了“凹”形。在这处低矮的空间内，或许还设有供人们登床的榻凳。这时期的卧床宽大而舒适，从形式上可视为明清时期罗汉床的前身。

明清时期，床的种类变得愈加丰富。这一时期，一种格外高大的床出现了，并流行于江南地区的富庶人家中。与其说它是一张床，不如说它更似一间独立的小屋子。这就是拔步床，又名八步床。据说从床这头走到另一头要用八步，可见它占地之大。这种床用料考究，工艺繁缛复杂，有“千工拔步床”之称。在过去，它常作为财力的象征。在明代小说《金瓶梅》中，薛嫂对那西门庆说起南门外杨家的正头娘子时，便形容道：

手里有一分好钱。南京拔步床也有两张。四季衣服，插不下手去，

图25
五代 顾闳中《韩熙载夜宴图》（局部）
故宫博物院藏

也有四五只箱子。金镯银钏不消说，手里现银子也有上千两，好三梭布也有三二百筒。

可见，这“一分好钱”的头筹，便是被这两座“拔步床”赢走了。而在稍晚些的《红楼梦》中，探春闺阁内，也用的是这种拔步床。可见，非家底殷实之人，很难用得起它。

这一时期北方常见的床为架子床。如图中这件明代黄花梨月洞门架子床（图26），开洞弦切在床面上，宛若一轮初升的满月。门罩与后身的矮围子，均饰以小木块拼成的四合如意纹，工艺十分精巧。床面下是床身，床身高束腰，中间有竹节状的矮佬，矮佬间的镶板上浮雕有各不相同的花鸟纹样，雕工细腻而流利。床腿呈弧度平缓的三弯式，那内卷的回形马蹄亦雕有走兽。整张床气质温婉秀雅，是典型的明式架子床[12]。

故宫所藏的另一件明代黑漆嵌螺钿花蝶纹架子床（图27），工艺更为

[12] 此床为20世纪50年代某藏家捐赠故宫博物院，而非紫禁城旧藏。

图26
明 黄花梨月洞门架子床
故宫博物院藏

繁缛，空间也更加封闭。在这件通体髹黑漆的架子床上，除床面，可见之处几乎全以螺钿嵌各式花卉图案。其中背板正中央饰有寓意富贵的牡丹图，在牡丹的周围，还萦绕着闻香而来的彩蝶与花卉，十分唯美。床体造型浑厚，腿足宽而粗重，内翻的马蹄格外顽憨，即便身上穿着的是精工细作的华丽衣袍，也丝毫不显琐碎艳俗。

明清时期的罗汉床，上承宋代围屏卧床的形式，同时还“启发”着同时期的宝座，是十分重要的卧具。它不同于床，并非正式就寝的家具。它有着独特而相对固定的造型，却能在不同的工艺下呈现千万种风情。

如这件剔红云龙纹罗汉床（图28），是目前所见最大的一件剔红家具。这件罗汉床经过层层髹漆，再由巧匠在漆面上绘稿，雕琢而成，“剔红”这种繁复工艺，赋予了它浑融典丽的气质。又如这件结合了木之本与瓷之色的罗汉床（图29），有点唐突，有点惊喜；既展示了独树一帜的决心，也透露出“山水悦目、花鸟怡情”的心意。在清中早期，嵌瓷工艺多用于如挂屏、插屏等小型家具，而将嵌瓷用于如此之大的家具中，多是在清末及其之后。这件嵌瓷山水风景罗汉床，制作于清早期，在当时可谓寥若晨星，弥足珍贵。

图27

明 黑漆嵌螺钿花蝶纹架子床

故宫博物院藏

图28

清中期 剔红云龙纹罗汉床

故宫博物院藏

图29
清早期 黑漆嵌瓷山水风景图罗汉床
故宫博物院藏

（2）**窗中早月当琴榻**

床，如一曲优美舒缓的小夜曲，余音可绕梁。而在这迷人而浪漫的曲声中，还有一支默默低徊的伴奏——它就是榻。榻的出现，是古人对席居生活方式的一种礼制化关怀。王先谦《释名疏证补》中记载：

长狭而卑曰榻，言其榻然近地也。

小者曰独坐，主人无二，独所坐也。

可见，最初的榻细长且低矮，比起床，它更贴近地面。然而，先秦时期无“榻”字，许慎《说文解字》也无此字。此时人们坐的类似榻的家具又被称作什么呢？汉人刘熙在其《释名》中说：“人所坐卧曰床。床，装也。所以自装载。”（《释名·释床帐第十八》）刘熙认为，床是载装自己的，“卧的床”即今天我们用来睡觉的床，而“坐的床”，或许就是坐的榻。

这种“坐的床”，可以直接被称作“床”，如《孟子·万章上》中说“舜在床琴”，舜帝弹琴的床，应是榻一类的坐具。但是，两种不同用途的家具，一种用以安寝，一种用于坐卧；两者都被称作床，总归有些别扭。于是，在先秦时期的文献中，又有了一种名为“匡床”[13]的床。《韩诗外传》引崔云的注释说：“筐，方也。一曰正床。”这是古人对于匡床的解释，它那“正”的内涵，倒是与孔子那“席不正不坐”的内涵相近；而“方”，应是它的形态。从崔云的注释来看，或许匡床指的便是早期的榻了。

不过，作为早期的榻，匡床的内涵不仅仅只是“正”。汉代史官司马

[13] 不同的版本有时也作“筐床”。

迁说："筐床，安床。"匡床亦有"安"的作用。《庄子·齐物论》中曾写道，晋国的丽姬本是邓地之人，被晋献公掠入后宫立为夫人。刚到晋国时，丽姬伤心得哭成了泪人，但"与王（晋献公）同筐床、食刍豢"时，便后悔当时的哭泣了。虽说故事中的匡床只是一种象征，但却成功安抚了那貌美的丽姬，令她不再思归。而那张令丽姬愉悦、令献公得意的匡床，也绝不再是拘谨束缚的单人坐榻。通过它可以令丽姬与晋献公同享来看，这时的匡床应已比较宽大了。

早期使用匡床这种榻的人，一般都具有较高的身份地位，如《商君书·画策第十八》中说："人主处匡床之上，听丝竹之声，而天下治。"仅安居在一张匡床上，便可坐拥天下——这是商鞅对"明君"治国的一种理想。

目前出土最早的带"榻"之名的坐具，也的确非平凡人家之物。1964年，在河南郸城发现了一件带有铭文的汉代石坐榻，上书铭文："汉故博士常山大（太）傅王君坐㯓（榻）[14]。"其中提到的王君便是这件榻的主人。根据西汉官制，太傅职位通常由受人敬仰的博士充任，而王君之榻，也证实了榻的使用者其身份地位的与众不同。《初学记》引汉代服虔《通俗文》中说："床三尺五曰榻，板独坐曰秤，八尺曰床。"其中的三尺五约今天84厘米。王君的这件石榻长87.5厘米，宽72厘米，高19厘米，与史书记载基本相符。

然而，由于榻是从床这一广泛的意义中来的，所以古人对榻的认识多为："榻，床也。"尽管此时榻已有了自己的名字，但依旧没能成功推翻这种由来已久的称谓习惯——汉代人依然喜欢以"床"来称那些用来跪坐的坐具。也许，也正是因为这个原因，这之后从域外进入中原的坐具，也都被冠以"床"字来命名了。

魏晋以后，床的名称开始慢慢从坐具中剥离，人们慢慢开始意识到要对卧具与坐具的名称有所区分了。这时，以床为名的坐具开始有了自己的名字。同时，借着斗栱与榫卯的迅猛发展，慢慢与床分离的榻，迎来了属于自己的峥嵘岁月。在《北齐校书图》中，榻的形制已完全脱离了人们对它"长狭而卑"的"成见"。图中之榻，已经是可以容纳五六人的大型家

[14]"㯓"即"榻"。《广韵》曰：㯓，俗榻字。

图30
北魏 司马金龙墓漆屏风中《李允奉亲图》（局部）
山西大同石家寨司马金龙墓出土

图31
北魏 司马金龙墓漆屏风中的和帝与邓后（局部）
山西大同石家寨司马金龙墓出土

具了。上面的人或坐或卧，丝毫不会觉得拥挤。

在出土于山西大同北魏司马金龙的漆屏风上，可以看到一些榻的新形式。在题有“李允奉亲”的画面（图30）上，李母端坐在榻上，榻上设有小帐，帐呈覆斗状。[15]另一幅绘有和熹邓后的图（图31）中，邓后正襟危坐在一座三面围屏的方榻上，围屏后有4位仕女随从。邓后是东汉和帝的皇后，和帝驾崩后，邓氏掌权，虽曾先后迎立殇帝刘隆、安帝刘祜为皇帝，但“称制终身，号令自出”。这种性质独特而造型规整的榻，正映衬着邓氏非凡的身份。[16]

[15]《释名》曰：“帐，张也，张施于床上也。小帐曰斗，形如覆斗也。”

[16]关于北魏司马金龙墓出土屏风的故事，详见扬之水《北魏司马金龙墓出土屏风发微》，《中国典籍与文化》2005年第3期。

图32
南唐 周文矩《重屏会棋图》
故宫博物院藏

唐宋时期，榻依旧活在人们的视野里。不同的是，虽然此时榻仍与椅凳等家具并行于世，但更为舒适的椅凳，已开始悄无声息地侵蚀着原本属于席居方式的空间，并逐渐扩张了自己的势力范围，占据了一些原本属于榻的空间。尤其是独坐的榻，已日渐式微。于是，这一时期的榻，选择了新的生存方式：既在保留高格古雅的形态之上，在功能方面也做出调整，在使用上也变得更加随意。

从南唐画家周文矩所绘的《重屏会棋图》（图32）中可以看到，右边带有托泥的狭长榻上放置着储物箱，并未被用来当作坐卧的家具。在画面中央的南唐中主李璟与弟弟景遂坐在一张宽大的四足榻上，观看齐王景达与江王景逷对弈。对弈的二人侧坐在另一张略小却高一些的四足榻上，弈具便放在两人中间。中主李璟所在的那张大型四足榻上，还放着用过的髹红黑漆食具。散落的筷子与干净的食盒，将皇帝生活的适情雅趣全然托出。

然而明代以后，用于坐的榻逐渐隐退在人们的生活中，虽然在绘画作品中还能依稀见到，但却更多成为文人雅士的一种思古情怀。到了清代，满人“携炕入关”。榻便更难立足，渐渐湮没。在今天的紫禁城中，几乎已看不到榻的踪影，但关于榻的记忆，却仍旧在传承；而由榻书写的这低徊之曲，唯留幽幽余音，至今还回荡在这无穷尽的家具交响乐中……

（3）琳琅满目是床榻

床榻，是悦耳抒情的小夜曲，一高一低两条脉络，彼此缠绕而缱绻。

它们时而如两小无猜的耳边呢喃，时而像青梅竹马的卿卿我我，时而也会仿佛一见钟情般的似痴若狂，最终还是会回归到厮守终生的默默无闻。榻与床的合奏，演绎了精彩的历史，闪烁着缤纷的颜色。

当然，这首歌曲，还要从床说起。尽管床可溯源至那石器时代的土床，但直到木床的出现，床的形制才相对稳定下来。于是，代表材质的“木”与表示声音的“爿”合作推出了“牀”字，[17]它便是今天的“床”了。当然，这时的床还承担着“榻”的功能，在一定的情境下，我们也可以将它视为床榻的合称。

在春秋战国时期，制作床的材料已经十分丰富了。据《战国策·齐三》记载，在战国时，齐国贵族孟尝君曾巡行至楚国。方是时，楚王曾拿出一张象牙床准备送给他。可见，此时的楚国便已有“值千金之象床”了。在南朝徐陵编纂的《玉台新咏》也曾提及：“罗袖少轻尘，象床多丽饰。”（《咏席》）那满缀琳琅的象牙床，衬托着随风而起的一袭飘逸青衣，将蓝夜宴饮中的浮艳之色全然透雕于纸上。此情此景，能与这“象床”相配的，恐怕只有那稀有的“犀簟”了吧。据《旧唐书》记载，武后时人张易之曾以饰有“鱼龙鸾凤”纹样的七宝帐、象牙制的床、犀皮制成的席献给自己的母亲。如此奢华的礼物，令时人也不禁要侧目。此后，象床与各种稀有的珍簟常出现在诗词中，成为一种富贵美好的意象。如后蜀词人顾敻就曾在《临江仙》中以“象床珍簟，山障掩，玉琴横”，来暗示昔日的欢乐。

除象牙外，古人还以宝玉做床。《世本》中说：“纣为玉床。”古人对于玉床的记述，大概始于此。南北朝谢朓《同谢谘议咏铜雀台诗》中说：“玉座犹寂漠，况乃妾身轻！”张良解释为：“坐玉床，处天之位也。”可见，玉床为帝王所用。汉代焦延寿《易林》在释“升卦”时同样说道：“安坐玉床，听韶行觞。饮福万岁，日受无疆。”能享有万福的，自然只有皇帝一人。在古人的心中，玉可通灵，可沟通天地，所以帝王入殓都要以玉填塞七窍，以金缕玉衣加身。在古代祭祀时，也要以玉礼敬天地与四方。[18]所以，贵为神授的统治者、代天发言的天子，自然也要以玉床来显示自身的高贵。据《周礼·天官冢宰第一》记载，王所用的“床

[17]《广韵》释“牀”云：“俗作床。”

[18]《周礼·春官·宗伯第三》云：“以玉作六器，以礼天地四方：以苍璧礼天，以黄琮礼地，以青圭礼东方，以赤璋礼南方，以白琥礼西方，以玄璜礼北方。皆有牲币，各放其器之色。”

第”，同王的“燕衣服”“衽席”“亵器”等物，均由玉府掌管。由此看来，由玉府掌管的床，很有可能，也是玉床。

除了玉床外，镶嵌有7种宝物的七宝床也极为罕有。据《西京杂记》记载，汉武帝曾使人做“七宝床、杂宝桉、厕宝屏风、列宝帐”。这不禁令人联想到扬雄等人诗赋中，繁秾巨丽的西汉宫阙。《北史》中曾记载韩务献七宝床、象牙席的事情。在文学史上最负盛名的诗仙李白，也曾得到唐玄宗赠予的七宝床。《唐李翰林草堂集序》中写道：“天宝中，皇祖下诏，征就金马；降辇步迎，如见绮皓。以七宝床赐食，御手调羹以饭之。”无疑，七宝床在这里代表着唐玄宗对李白的器重与尊敬。

然而，生活终归如水，总是清淡些好。所以即使是紫禁城中的皇帝和妃嫔，平日里也不敢贪尽奢华，反而更常使用那些质朴简单的床。炕床是清代宫廷中的一种常见结构，它最早流行于北方严寒地区，是一种可以添火取暖的床，因此人们也称它“暖炕”。早在宋代《三朝北盟会编》中就曾记载北方女真族人：

> 其俗依山谷而居，联木为栅，屋高数尺，无瓦，覆以木版或桦皮，或以草绸缪之。墙垣篱壁，率皆以木，门皆东向，环屋为土床，炽火其下。

然而，这种在下炽火的床，其在中原地区的流行，实从满洲入关才开始的。满族先民居住的东北地区，冬日里寒冷彻骨，那暖烘烘的炕床，自然是他们躲避冰天雪地的最好归宿。即使打入京城，南下入宫，也依旧保持了这个习俗。于是在紫禁城里，上至天子皇妃，下到宫女太监，都拥有属于自己的小暖炕。如皇帝平日里休息的养心殿后殿，东西梢间各设一朴素的炕床作为卧寝的地方。那西梢间炕床上挂的“随安室”铭，恰似这炕床所带来的温暖与满足。日理万机的皇帝，想必也是难得一觉清静、一梦忘忧吧。

4．书画相映　垂足余趣

在魏晋以前，只有坐、跪、跽、拜四种坐姿，是符合礼仪规范的。坐，即上文所述正坐，又称“安坐”；跪，也称“危坐”，与“安坐”相对，双膝着地但大腿直立而不再坐于脚踝之上；跽，许慎在《说文解字》中释为长跪；拜，即稽首致礼，与跪合为跪拜礼。

图33
东汉 铜贮贝器上的纺织场面
云南江川李家山青铜器博物馆藏

然而，这四种坐姿并不舒适，先民也意识到了这个问题，虽然曾试图以茵席相加、凭几相佐来缓解。但礼制，终究阻挡不住人们向往自由的天性。于是，我们将看到劳动人民种种率性至极的坐姿，将人本自然的天道活灵活现地舒展开来（图33）。

（1）**启——悠游礼外**

一直以来，人们倾向将高型家具，尤其是高型坐具的出现归功于佛教的传入。虽然伴随佛教而来的西域家具，对中国传统家具的趋高起了狂飙突进式的催化，但我们也不应就此而忽视华夏先民的探索。在山西长治分水岭东周墓出土的刻纹铜匜，以及河南陕县后川村东周墓出土的刻纹铜匜上，都可以看到高型的案形器。而早在礼崩乐坏之际，文献中便已频频出现箕踞等顺应本能、不再拘束的坐姿。

箕踞，顾名思义，是双腿像簸箕一样敞开式的坐姿。早在殷墟遗址中便有箕踞而坐的石人出土。《周易》剥卦《象》曰："剥床以足，以灭下也。"唐孔颖达注："床在人下，足又在床下。"此人很有可能也是踞坐在床的。在生活中，人们也常常使用这种姿势。《韩诗外传》中曾记载了一个小故事。一日，孟子妻独自敞开双腿的坐姿被孟子看到，孟子便向母亲申请休妻。孟母得知原因后，不仅没有答应休妻的请求，反而认为是孟子悄声擅入内室，才撞见妻子踞坐在内的，并斥责孟子"乃汝无礼也，非妇无礼"。从孟母的口中可以获知，踞坐虽然不合礼数，但只要不被他人看到，也无妨。

当然，踞也有可以示于人前的时候。《吕氏春秋·慎大览》记载，向来好礼贤下士的魏文侯每见段干木，即使站累了也不敢懈怠，但见翟黄便"踞于堂而与之言"，这使得翟黄心中不快。文侯便说："让段干木做官他拒绝，给他俸禄他也不接受。而你想做官便官至相位，想享有俸禄便有上卿的待遇。你既接受了我的恩惠，又要求我以礼相待，如此的苛求恐怕难以实现吧！"只一"踞"便体现了魏文侯礼士的原则与态度。另一位箕踞而坐的便是那行刺未果、身受八创的刺客荆轲，当他自知已无法完成任务时，便对秦王"倚柱而笑，箕踞以骂"，用最后的生命将英雄气概发挥得淋漓尽致。

此外，暴秦倾颓之际，天下豪杰纷起，其中后来成为开创大汉盛世的高祖刘邦，也曾被人捕捉到"踞坐"的瞬间。富有实录精神的司马迁和开创了断代史体裁的班固，都记载了沛公曾经"踞床"面见谋士郦食其之情景，及其经过赵国时箕踞责骂赵王的傲慢态度。一代开国之君，数度以踞坐形象见于人前，那严明的周礼不复，一目了然矣。

（2）承——读砖赏画

大一统后的汉代，经文景之治休养生息后，草木山川无不生气澎湃。

西汉经济的高度繁荣，不仅有从长安出发，经河西走廊入新疆后，分三路穿越中亚至波斯湾地区和地中海沿岸的“陆上丝绸之路”，还有从巴蜀出发经天竺直通大夏的“海上丝绸之路”。“天下熙熙皆为利来，天下攘攘皆为利往”（《史记·货殖列传第六十九》），是对这一时期商业面貌的直观写照。中原不仅居住有汉人，还有众多远道而来的匈奴人、月氏人、塞人等西域商人。他们不仅带来了大汉没有的香料宝马，还逐渐将自身的文化习俗浸入到中原文化当中。

明人罗欣在其《物源》中说：“台公作椅，汉武帝始效北番作交椅。”虽然目前仍无出土文物可以佐证，但“效北番”实为大汉文明与西域文化交融的真实情况。据史料记载，早在战国时期，赵武灵王为作战时便于骑射，曾力排众议将胡人的窄袖短衣及合裆长裤引入中原。西汉王陵亦曾出土具有明显草原文化特征的金腰带、带扣及带饰。这虽然仅仅是服饰方面的改变，却对后来椅、胡床等需垂足的家具的出现，提供了有利条件。

汉画像砖石与汉墓壁画，是研究汉代社会生活、民俗信仰等方面弥足珍贵的资料。与文字不同，绘画的形式提供了更为直观的图像资料，其中涵盖的信息包罗万象，比文献记载更细致入微，更宽泛无遗。那里有的不仅仅是西汉百姓的生活，还有西域来客的世界。目前出土的汉代画像中有大量胡人驯象[19]、胡汉交战以及胡人表演百戏的场景，这些场景跨越了漫长的时代，却没有被岁月遗忘。慢慢地，胡人不再仅仅是异域之客，而是逐渐成为大汉文化的一部分。《后汉书》曾记载了当时天潢贵胄对胡人文化的痴迷，“灵帝好胡服、胡帐、胡床、胡坐[20]、胡饭、胡空侯、胡笛、胡舞”，连同京都贵戚都竞相效仿。从考古发现来看，东汉“长乐大明光”锦合裆长裤的出土，在一定程度上也反映了东汉王朝对西域文化的高度接纳与融合。

当然，在汉代画像中表现得最为生气盎然的还是大汉人民的精神风貌。在汉代砖石壁画的世界里，我们可以看到热闹的酒坊中，一名工人垂落着双腿坐在一个似几的坐具上，正专注地凝视着前方（图34）；我们能看到一位正在幽会的女子，垂落着衣衫坐在机杼上，忘情地与情郎卿卿我我；我们能看到曾母投杼故事中，曾参的母亲垂足坐在机杼上，回首指着

[19] 可参考南阳汉画馆藏河南南阳英庄出土的《胡人驯象图》。

[20] 胡坐，即今人的盘腿坐（详见高启安《从莫高窟壁画看唐五代敦煌人的坐具和饮食坐姿（上）》），《敦煌研究》，2001年第3期。与箕踞一样，在当时都不符合礼法。

图34
东汉 画像砖中的酿酒
1978年四川成都新龙乡出土

图35
汉 画像石之聂政刺杀韩王
山东嘉祥武氏祠东壁

另一个人；我们还能看到那面对刺客聂政的韩王，惊恐地坐在仿佛王座的坐具上，慌张得似乎随时都可能弹出来一样（图35）……这些画像，讲述的不仅仅是神话传说，描绘的不仅仅是统治者的生活，它最大的魅力，便是为最真切的万物芸芸，作了即时的写照。

当我们仍以单一停滞的眼光去定义古人生活时，从河姆渡到汉末已经过去了千载。文献透露我们的是：兹郑子也曾"踞辕而歌"引来众人争相帮忙；古人也有"夷踞相对"在树下避雨的时候；庄子也会用"箕踞鼓盆而歌"表达丧妻的悲痛。石砖壁画告诉我们的是，当时也有可以用来垂足而坐的“几”形家具，也有类似于束腰圆凳的百戏用具；[21]还有人们也可以在人前自然而然的垂足坐着纳凉。[22]

文献与图像，似乎是要联袂合作，悄悄打着一个历史的哑谜；后人将要还原的谜底，则是：古人的坐习不是一成不变的，即使这个过程也许十分十分的漫长——慢到令其中的参与者都忘记放在心上。

（3）转——融汇生奇

榫卯和合，化生出新，家具历史的交响即将变调，恰如魏晋时期的人们，将迎来坐的解放。垂足而坐，是对于人体的另一种诠释。在今天，仍常被用来垂足而坐的坐具，便是凳、椅和墩。

从目前出土来看，早在春秋末期便已出现了凳的雏形。1964年，在江苏南京六合程桥发现的东周墓墓室填土中，出土了一些浅刻花纹碎铜片。其中一枚铜片再现了当时吴楚地区尸祭的场景（图36）。画面右侧的“尸”坐在一个似凳的坐具上，一只手自然地落在膝盖上，另一只手则拿一酒樽作饮用状。与中原地区尸祭采用的正坐不同，画面中的“尸”展现了垂足而坐的姿态，席也被替换为较高的凳形器。这种高与低的落差，似乎更能表达生者对“尸”所象征的祖先的崇敬。

在汉代，凳已有今日般形制。1989年，江苏扬州邗江秦庄汉墓中出土了一件漆凳（图37），这是目前发现最早且隶属于中原文化的高座坐具。之所以可以称它为高座，因为其高度已与今天人们所用的板凳无异，都需要以垂足而坐的方式使用。据考古人员考证，此凳为汉广陵王家族的用器。

凳的生活化大大改善了人们的日常起居，在唐代绘画中，凳如雨后出笋般占据着宫廷中的各个角落；各种造型奇特、工艺精巧的凳，常常若隐若现在唐代美人的肥臀之下。在唐周昉的《挥扇仕女图》中，一位仕女信手挥着团扇，闲坐在一把半月形座面的凳子上。除座面外，凳通体髹黑漆，座面侧身有彩穗垂下。这件月牙凳整体较为宽大，显得十分雍容华贵。在《宫乐图》（图38）中，桌前的两把月牙凳，座面呈椭圆形，座面中央略微下凹，更符合人体结构，使用起来更为舒适。桌两侧仕女所坐的月牙凳，座面侧周嵌有各色宝石，显得格外富丽。然而可惜的是，唐代的月牙凳并没有实物留存到今天，但在明仇英的《临宋萧照高宗瑞应图》中，

[21] 见于辽阳汉墓壁画。
[22] 见于江苏徐州铜山耿集出土画像石。

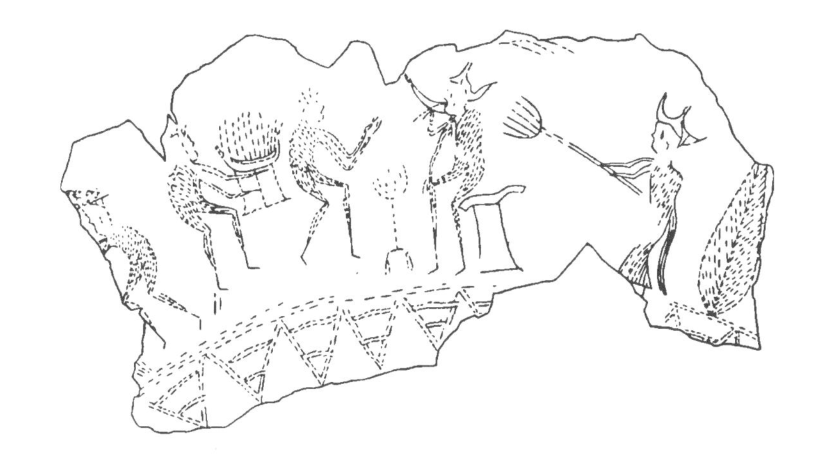

图36
东周 铜器残片（摹本）
南京六合程桥出土

图37
西汉 三足漆凳
扬州邗江文物管理委员会藏

图38
唐 周昉《宫乐图》
台北故宫博物院藏

还保留着宋人对于这月牙凳的婉恋。

椅，《诗经》毛传云“椅，梓属”，原指木之一种；而椅子的名称，直至宋代才被确定下来。在此之前的很长一段时间里，“倚子”与“椅子”是被同时使用的。倚，顾名思义，是可以倚靠的。从这个角度来看，没有靠背的胡床，确实不能算完整意义上的椅。从椅的使用方式来考虑，一定的座高更适合于垂足而坐；没有足够的座高，则与床榻无异。所以，较为低矮的早期绳床，也不能满足这个条件。但我们不可否认，胡床与绳床虽然都有所欠缺，却都为符合今天意义上的椅的出现奠定了基础。

中国目前出土的最早的椅，为新疆和田尼亚古城所发现的东汉木椅。只可惜，椅上部的靠背已不复存在。据斯坦因在其《斯坦因西域考古记》中的描述，木椅四足“作立狮形”，扶手“作希腊式怪物”，考察其风格特征，并非当时汉人的物品。故“椅”在中国的历史，还需要重新梳理。

据宋代高承《事物纪原》引东汉灵帝时人应劭的《风俗通》记载：“汉灵帝好胡服，景师作胡床，此盖其始也，今交椅是也。”尽管《风俗通》常被视为“小道”，但后世也“服其洽闻”。其中提及汉灵帝好胡服一事，已是史官的共识。但景师作胡床，却无考古发掘报告能够作为第二重证据来印证。

从目前已有的资料来看，最早传入中原的高型坐具是胡床。胡床，“胡”表示了它的来源，顾名思义，是以汉文化的角度来定义的外来之物；“床”，代表了它的功能同中原文化的床相仿，可作为坐具使用；同时，因为它下部分可折叠，所以又有交床的别名。“交”，交胫也，指的就是它这种双足相互交叉可以折叠的结构。

山东济南长清孝堂山石祠《神风、车骑、战争、狩猎》的画像，为东汉章帝、和帝时期的作品。画像上，一侧是汉人的军营，一侧则藏着“剑拔弩张”的胡人，中间则有奔腾的轻骑和双手反捆的俘虏。从图中所反映的情况来看，此时的胡床已经有了足够的座高，与今天的长板凳类似。魏晋时人多喜爱胡床。《三国志》中记载武帝曹操“尤坐胡床不起”；《世说新语》言士人王恒“踞胡床，为作三调”，大臣戴渊“据胡床指麾左右”。正如晋人干宝《搜神记》卷七第181条所记载的那样：

图39
甘肃敦煌莫高窟第257窟西壁中层的须摩提女因缘画像（局部）

胡床，貊盘，翟之器也。羌煮，貊炙，翟之食也。自泰始以来，中国尚之。贵人富室，必畜其器。吉享嘉宾，皆以为先。戎翟侵中国之前兆也。

在南北朝时期的敦煌壁画中，也保留了大量胡床的宝贵材料。其中敦煌莫高窟257窟西壁北侧的《须摩提女因缘》（图39）中的胡床比较特殊，能够提供双人同时使用。到了隋代，因隋炀帝“以谶有胡”，将胡床改名为交床。不过到了唐代，胡床一名又重新与交床并行使用。如诗仙李白诗中言“去时无一物，东壁挂胡床”（《寄上吴王三首》其二），摩诘居士王维歌曰“舍人下兮青宫，据胡床兮书空”（《登楼歌》）。

然而，胡床虽然便于携带，但没有靠背扶手的形式，并不适合日常长时间使用。所以在北宋时期，改良后的交椅出现在了人们的视野中。交椅，又名“折椅”。其下部分同胡床一样，可以折叠，故称“交”或“折”；座面上部附加了靠背、椅圈和扶手，可以依靠，故称“倚（椅）”。从座高及可以倚靠的双重标准来看，它的确更像今天的“椅”。由于其造型朴雅、舒适度高、便于携带的特点，交椅成为日后宫廷中极具特色的一类坐具。

另一种从西域而来的坐具是绳床。胡三省在《资治通鉴》卷一百四十二注释中说：

绳床，以板为之，人坐其上，其广前可容膝，后有靠背，左右有托手，可以阁臂，其下四足着地。

“绳”为其座面的材质，从敦煌壁画的绳床画像中可以清晰地看到，绳床的座面由麻藤绳等编织而成，这种结构又被称作“软屉”。“床”代表了它坐具的职能。绳床最大的优势在于有可供人依靠的靠背和扶手。但从今天使用的角度来看，它更像是过渡时期的椅。

绳床最早流行于僧侣禅房内，已知文献中最早坐于绳床的便是西域人佛图澄。初期的绳床，常作为僧侣们坐禅入定、坐化的坐具。或许是出于这个原因，早期绳床的座面似乎并不高，但座面却比较宽大。如敦煌285窟中十六国时期壁画里的绳床（图40），其座高甚至不及江苏扬州邗江秦庄汉墓出土的漆便凳。由于“绳床”常常成为助僧侣禅悟的工具，时人有时也称之为“禅床”。《高僧传》中便记载了晋安帝时期，曾有三位僧人“各坐绳床，禅思湛然，恢至良久不觉”。但我们应当注意到，后代被称为“禅椅”的一些坐具，已经与绳床产生了分歧。一些外形类似绳床的椅，虽然也同样作为坐禅入定的坐具，但已没有了“绳”的意义，取而代之的将会是其他材质的座面。

随着人们坐姿形态的改变，绳床的外形也发生了一些变化。唐阎立本《萧翼赚兰亭图》中的禅床（图41），反映了初唐时期绳床的形制，与十六国时期的绳床相比，座面高度依旧比较低矮，但扶手的高度有了明显的增加。

此外，墩也是这一时期常常用来垂足而坐的坐具。墩在中国的历史非常古老，早在山西潞城发现的战国墓内，曾出土一件残破的铜匜，在铜匜颈部下面的位置，画有一佩剑武士坐在一个墩形器上饮酒（图42）。对比画面中人物的身高，这个墩形坐具的座高，已与今天寻常可见的椅、凳没有太大差别。

从魏晋至宋以前的几百年中，出现了许多我们至今还袭用的装饰元素。如随佛教传入的忍冬纹、莲花座及须弥座束腰式的结构，同时，还出现了一些后世没有保留下来的特殊坐具。在五代周文矩的《宫中图》中，出现了一种类似圈椅，却在圈背后又置一高靠背的椅子（图43）。扶手椅以蜷曲状“四出头”，圈背以栅栏式结构连接座面，显得丰腴而婉丽。

另外，在敦煌艺术宝库中也出现了一些值得玩味的椅的造型。它们有着明显的靠背，座高远远高于绳床，同时存在年代又远早于交椅出现的北

图40
甘肃敦煌莫高窟第285窟壁画中的绳床

图41
唐 阎立本《萧翼赚兰亭图》
辽宁省博物馆藏

宋。如敦煌莫高窟第275窟中交脚弥勒坐的椅子（北凉），无扶手，但有圆形脚踏以及印度风格的靠背。又如，第285窟的画像上菩萨所坐的扶手椅（西魏），靠背低矮，前有脚踏，有类似宋代折背椅的形制，整个造型肃穆大方。这些椅并没有在历史上留下太多的文字。或许，它们也如尼雅木椅一样，来自异域；或许，它们是另一种因文献毁亡而被岁月遗失了姓名的汉人坐具。但无论如何，它们同样是榫卯交响中不可或缺的复调，时至今日，我们的起居之间，还能听到它们的回音。

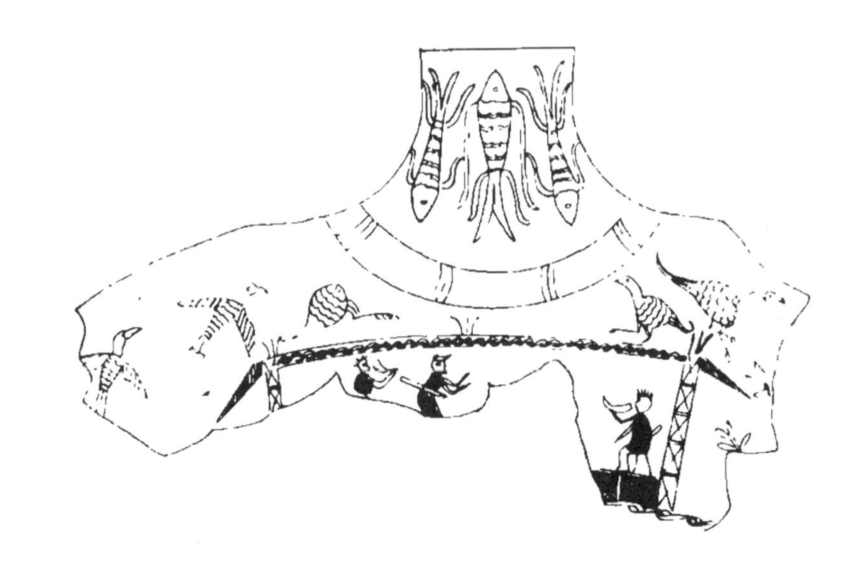

图42
战国 铜匜内刻佩剑武士坐像
山西潞城潞河战国墓出土

图43
五代 周文矩《宫中图》
（局部）
美国纽约大都会博物馆藏

（4）合——归附生活

曲终收拨当心画，由是——榫卯之音也将沉醉在诗情画韵当中。在经历了大汉盛唐的宏伟富赡之后，此时的世人只想将闲情偶寄，复归淡雅。于是，这时的生活风貌不再雍容华贵，取而代之的是平易近人，而那些散落在巷陌、静卧在窗前的家具，也有了各自的心声。

《清明上河图》是宋张择端“追摹汴京景物”的绘画作品。其纤细的笔法，将宋代的街市、汴河、郊野一览无余地展现在今人的面前。我们可以看到在名为“赵太丞家”的药铺里，一位抱着婴孩的客人坐在一造型简单的长凳上，似乎正在向店家说着些什么。店内除两条座面似为攒框结构

图44
清 黑漆描金花草纹双人椅
故宫博物院藏

的长凳外，在柜台前面，还立着一把半折叠着的交椅。而在离这里不远处的路口，一牌匾直书“刘家上色沉檀拣香”的店铺门口处，放着一副利落简约的双人椅。虽然这种样式的椅子今天已难得一见，但幸运的是，在百年后的紫禁城中，却有同款保留了下来。

故宫旧藏的这把双人椅（图44），通体髹黑漆，背板三段皆描金，上雕漩涡纹样，中描金花草纹，下锼亮脚并在上方描金花纹。两椅座面为一块整板，座面下束腰。外侧四足内翻马蹄，中间二足为双翻马蹄。如此精美的设计，即便在宫中，亦是鲜有。

画中的人赶着牛车、看着骆驼，不知不觉就过了护城河。路口处的马车旁，一孩童站在一方杌上，[23]对着面前的大人手舞足蹈。这件杌朴拙得有些憨厚，但与今日故宫所藏杌的造型已相差无几。

一座车水马龙的拱桥横在护城河上，连接着同样热闹的两岸。桥上一位老者立着个折叠圆桌，正吆喝着。定睛看过去，才发现那折叠圆桌与儿

[23]（汉）许慎《说文解字》云：“柮，断也。”（南唐）徐锴《说文解字系传》注云：“杌柮同。”（清）段玉裁注《说文解字》：“梼杌作梼柮……”则杌亦为断意。《玉篇》注：“杌，树无枝也。”由其名及今天所见“杌”来看，其形制应是与“椅”相对照，无靠背，且低矮。

时家里用过的折叠桌惊人的相似。

顺着桥头望去，河对岸一家酒肆里颇为热闹。卖酒的主人站在柜台内，柜台上伏着一名孩童，旁边几位来吃酒的男子正聊着天。屋内设有若干方桌及长凳待客用，在柜台周围还有两把靠背椅。这种样式的椅子在明代发扬光大，成为明式座椅的典型造型，并且一直沿用至今。在紫禁城内藏有大量这样造型的座椅，唯一的区别大抵只是材质更为名贵、工艺更为考究、装饰更为精美罢了。

《清明上河图》（图45）中的每一个角落，都是今人触摸古人的关窍。顺着历史的坐标轴，我们从画中的世界一路寻来，“坐”愈发悖离礼制的拘谨，垂足日渐成为“坐”的主流。与之相对，椅、凳等坐具，也成为百姓家中的寻常物了。

从此，不论是在宫廷豪宅里，还是在勾栏瓦肆间，我们都能看到那经过岁月精挑细选最终留下来的宠儿。同时，有宋一代的文人雅趣也融入家具当中了，其艺术精髓一直贯穿于明清家具，乃至今人设计的中式家具中。

在明清时期，凳与墩因其乖巧的形态，几乎成了家具这部交响乐中最灵动的音符，既可以随着画师的笔墨隐于深山，也可以随着歌女的彩袖飘进红墙深宅当中。

《红楼梦》第七十一回中曾写道，在庆祝贾母八旬大寿之日，堂中央为贾母独设一榻，“榻之前后左右，皆是一色的小矮凳，宝钗、宝琴、黛玉、湘云、迎春、探春、惜春姊妹等围绕”。其中靠近榻坐的都是贾母“心中喜欢”的人，薛姨妈坐在首席，其余的人便是按“房头辈数”依次入座。用灵便的凳搭配尊显地位的榻，既不显得太过拘束，又不会失了尊卑亲疏的顺序。这种陈设方式，即使是在清代宫廷内，也是十分常见的。

在紫禁城的寝殿内，亦多设有便于移动的凳。不用时沿墙排开，用时按需布置，是不可或缺的坐具。今天，我们走进故宫的西六宫，在长春宫东次间的炕头边，依旧摆放着一个方凳，凳上还覆有一枚黄色绣垫。仿佛，它还在等着未知的纤纤素手，小心弹开它岁月的轻尘（图46）。

墩在日常生活中的造型，也是格外多姿。因其常覆绣垫，又被称为绣墩。明清时人，格外喜用绣墩。除了那山野间的白石墩，还有林黛玉与湘云

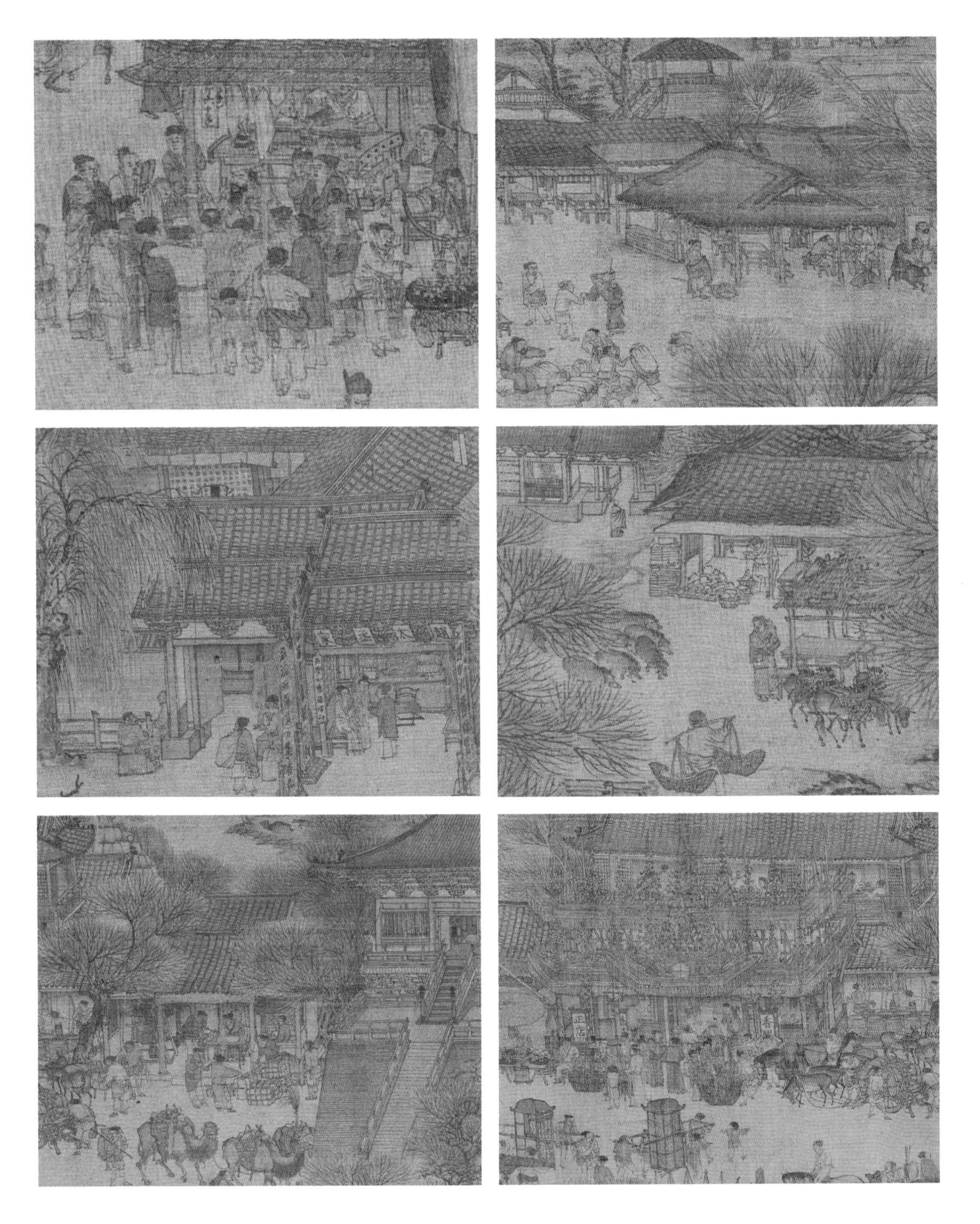

图45

北宋 张择端《清明上河图》（局部）

故宫博物院藏

图46
故宫长春宫东次间陈设

共同赏月时坐的湘妃竹墩，《水石缘》中小花猫睡的瓷墩，以及各种木制的绣墩。

在慈禧曾居住的储秀宫，如今陈列着一对精美的紫檀嵌珐琅花卉纹绣墩（图47）。墩体的上下各浮雕一周乳丁，紧邻乳丁又各饰有一圈以紫檀浮雕与夔纹掐丝珐琅片相间的玄纹。绣墩一周由6个海棠式开光拼合而成，每个开光又各嵌有两小一大共3个掐丝珐琅片。在相邻两个开光的结合处上下，各饰有象征“福”的浮雕蝙蝠。整件绣墩既端庄典雅又别出心裁，不论是西洋装饰纹样与传统蝙蝠造型的搭配，还是紫檀与掐丝珐琅的结合，都透露着非凡的工艺与巧妙的匠心。

图47
清中期 紫檀嵌珐琅花卉纹绣墩
故宫博物院藏

图48
清中期 紫檀靠背椅
故宫博物院藏

当然，构成明清室内坐具主旋律的，还是优雅的靠背椅、多变的扶手椅以及那气派的圈椅。作为靠背椅的一种，灯挂椅十分受人追捧。它最吸引人的，当属那两个出头的俏皮搭脑。故宫所藏的这件清中期紫檀靠背椅（图48），两个灯挂作卷云状蜷曲、翘起、勾回，显得灵动而活泼。不仅如此，背板雕刻拐子纹，兼具柔和与硬朗，仿佛游龙遁匿其中。座面下有卷云状牙条，搭配着方腿直足，整件靠背椅既规范，又透着藏不住的生动。而这件紫漆描金花卉纹靠背椅（图49）则更是精美。通体紫漆描金，显得格外富贵。搭脑与后腿上部分作交绳状，却有缱绻妩媚之态。

扶手椅的名字，是用于区别只有靠背而没有扶手的靠背椅的。在众多扶手椅中，尤以官帽椅最负盛名。其中官帽椅又分为北官帽椅与南官帽椅。而这件清宫旧藏的花梨木四出头官帽椅（图50），就是北官帽椅中的代表之作。它微翘的搭

图49
清中期 紫漆描金花卉纹靠背椅
故宫博物院藏

图50
明 花梨木四出头官帽椅
故宫博物院藏

脑从椅背两头挑出，扶手出头处向外微敞开，整体线条平滑而隽秀。搭脑与扶手均出头，使它也被称作“四出头官帽椅”。与它相反，南官帽椅是搭脑与扶手都不出头的一种扶手椅。如这件黄花梨六方扶手椅（图51），搭脑与扶手均不出头，而是以烟袋锅式榫卯结构相结合。略呈S形的背板，令使用体验更佳。此外，还有一种精灵乖巧的靠背椅，今人俗称“玫瑰式椅”，它是南官帽椅的一种变式。

典型的玫瑰式椅，椅背一般不高过窗台，扶手通常低于桌沿。玫瑰椅，如其花样的名字，深受人们喜爱。那玲珑小巧的身材，仿佛一位江南女子，窈窕而淑静。这件紫檀雕夔龙纹玫瑰式椅（图52），是故宫旧藏明代玫瑰式椅，如今仍静立在体和殿内，在后宫中与一年四季相厮守的岁月里，倒也平添了一抹胭脂的香浓。

紫禁城中的家具各式各样，装饰风格屡添新奇，其中还有一些并不属于上面两类的扶手座椅。如图中紫檀嵌粉彩瓷四季花鸟席心椅（图53），这把绮丽的椅子，靠背如画轴由后向前打开，

图51
明 黄花梨六方扶手椅
故宫博物院藏

图52
明 紫檀雕夔龙纹玫瑰式椅
故宫博物院藏

图画的是富有吉祥寓意的四季花鸟图。工匠巧妙地运用了紫檀质地的木框与桦木瘿子的内镶板心之间的调和色调，冲淡了瓷质带来的冰冷坚硬质感。椅子整体造型奇而不怪，极富创造性。气派的圈椅与交椅都具有椅圈，它们的区别在于是“可携带式”，还是“固定式”。据宋人张端义《贵耳录》记载：“吴渊乃制荷叶托首以媚之（秦桧），遂号曰太师样。此又近日太师椅之所由起也。” 南宋时期，吴渊为奉承秦桧而作圈椅。彼时秦桧恰身为太师，由是，人们便开始称秦太师所坐的圈椅为太师椅了。故宫所藏的紫檀透雕卷草纹圈椅（图54），便是明式家具的代表作。椅圈的弧度十分盈润；外卷的扶手外侧镂雕卷草纹。椅背上部开光透雕卷草纹，下部开光云纹牙子。米黄色的藤心座与绛紫色的紫檀椅身相结合，格外雅致。鼓腿膨牙式的四条腿又作内翻马蹄状，俏皮乖巧。这件圈椅造型憨厚而沉稳，雕琢仔细却不刻意，真是多一分少一分都有损其美。

此外，除了椅、凳、墩这些主角外，还有一

图53
清中期 紫檀嵌粉彩瓷四季花鸟席心椅
故宫博物院藏

图54
明末清初 紫檀透雕卷草纹圈椅
故宫博物院藏

“小厮”为它们服务。这位“安分守己”的家具“小厮”便是榻凳。《释名·释床帐》曰：“榻登，施之承大床前小榻上，登以上床也。”榻凳在秦汉时期便已存在，随着垂足而坐取代席地而坐的大趋势，在宋以后日渐成为一类居家常用的家具。它与椅、床、炕配合使用，虽然并不能成为室内陈设的主角，但注重生活情趣格调的明清匠人，却依然将它做得十分精巧。如故宫所藏的这件酸枝木嵌螺钿暗八仙脚踏（图55），虽是垫脚之物，但是做得毫不马虎。不仅以束腰修饰线条，四条腿也作内翻马蹄状。身上以镶嵌螺钿的方式，绘有道家的8件法宝（暗八仙）及若干花朵，十分精致。

我们的祖先，由席地而坐到垂足而坐，经历了千年的探索、改变与适应。在这个漫长的岁月里，参与其中的每一件家具，都为这部历史的洪流奉献了自身的全部。它们或像榻一样淹没其中，或像墩一样日渐衰微，或像椅一样笑到了最后。不过，不管怎样，没有它们，就无法构成这部民用家具的大交响。今天在我们的生活中，也

图55
清中期 酸枝木嵌螺钿暗八仙脚踏
故宫博物院藏

许已品不出它们其中的一味或几味了，但我们依然不觉得单调。我猜，大抵是因为它们早已成为了一种记忆，寄寓在依旧活着的家具当中，就如组成每一个它们的榫卯——阴阳和合，水乳相交。即便已到了曲终，人也未散……

二、贮·藏春秋——论箱说柜

榫卯错叠勾结，谱写了一部关于坐卧的历史；榫卯咬合缠绵，又生出了一部关于私密的历史。与坐卧的历史相比，这部私密的历史并不婉丽灵动，但却沉稳悠长。它是关于信任与守候的故事，是一曲关于“收藏”的乐声。

1．棺椁藏梦　修道成仙

“逝者如斯夫，不舍昼夜”——正在经历的每一分每一秒，我们都在失去着什么，直到有一天，还会彻底失去我们自己。生命是人类永恒的话题，跨越民族，贯通时空。

古埃及的贵族们，选择以将自己变成木乃伊的方式，来祈求不腐的肉身顺利通往永生。古印度的佛教信徒，相信轮回，寄托于转世，一生都在虔诚修行。同样，我们的祖先有自己的信仰，他们也相信在死亡之后，有另一个世界在等待自己。《左传·隐公元年》中，郑伯说“不及黄泉，无相见也”，这是在目前可见的古典文献中，古人对死后世界最早的文字记载。那么，黄泉是否就意味着另一个世界的全部呢?

西汉马王堆一号墓和三号墓中出土的帛画，或许能给我们稍做解答。在画面上，我们能够清楚地看到，古人眼中的世界是分为三界的。在一号墓出土的帛画（图56）右上方，一树枝弯曲的桑树，里面藏有9个太阳，其中最大的太阳里画有一只黑色的鸟儿；在左上方，一轮弯钩月，上面住着一只蟾蜍。它们分别象征着天上世界的白天与黑夜。墓主人站在画面的中

图56
西汉 帛画
湖南长沙马王堆一号墓出土

央，即将接受两位使者的引导，魂归天上。《礼记·郊特牲》中说：“魂气归于天，形魄归于地。”当魂气将要升入天界时，死者的肉身也将复归尘土。于是，古人为死者的尸身，也做了地下的家，这就是棺椁。

棺为内，椁在外。棺装殓尸身，椁套在棺外。棺与椁，是榫卯演奏的生命交响曲。这介于三界之交的乐章，凝重而悲壮，沉重也绵长。江苏灌云大伊山遗址，是距今约6000年的新石器时代墓葬，在这里，人们发现了最古老的石棺。在比它稍晚些的新石器时代崧泽文化墓葬中，人们发现了独木舟形式的木棺。可见，我们的祖先，很早就在有意识地建筑自己的另一个“家”了。然而，那时候的棺椁造型工艺还很粗朴。而在它身后千年，却有一位一统中国的皇帝，用了10年的时间，为自己在另一个世界建造了一个极富梦幻色彩又极其奢华的家，他便是秦始皇。据《汉书·贾山传》中记载：

> （秦始皇之棺）合采金石，冶铜锢其内，漆涂其外，被以珠玉，饰以翡翠。

传说秦始皇以铜浇铸棺的内壁，并在棺外髹漆，以各种奇珍异宝作为装饰。如此奢华的棺，想必秦始皇是想把阿房宫也带去黄泉享受吧。不过，由于秦始皇陵至今仍被发掘，我们无法看到里面的真实情景；但从比其稍晚一点的西汉墓葬中，我们或许能找出一些端倪。

西汉马王堆一号墓出土的漆木棺椁，内外一共有4层。组成每一层棺椁的所有板材，彼此之间均以榫卯咬合，通体不施一根金属钉。人们发现它时，它已在地下沉睡了两千多年，但它呈现给我们的，却是其安然无恙的外貌以及古代工匠高妙的技艺。此外，在江苏徐州狮子山发现的西汉墓里，人们还发现了类似于秦始皇棺椁的漆木玉饰棺。在狮子山西汉墓中，不仅墓主人享金缕玉衣的待遇，就连装殓他的漆木棺椁，也装饰有1781块玉片。漆木棺一面髹漆，上施彩绘云气纹。经修复工作者“妙手回春”后，漆木棺“容光焕发”地呈现在今人面前，体现了古人木作及玉作技术的鬼斧神工。

棺椁，从结构形制上，其为箱盒之滥觞；从功能上，它开贮藏类家具之先河。论及其装饰艺术，更不在逝者生前珍藏的匣椟之下。棺椁是古人眼中溘逝后的归宿，那里不仅珍藏有他们生前的心事，更是他们在另一个世界可以依赖的温馨之家。

2. 箱中秘境　柜里乾坤

藏匿着心事的，远不只是逝者那或华美或朴素的棺椁；逝者生前的许多秘密，也需要有一个遁藏的角落。于是，我们又听到了另一首新曲。那不绝如缕、千变万化的榫卯，又衍生出了新的乐章——一个关于柜、箱、格、橱的四重和弦。

（1）柜中藏宝

在《韩非子·外储说》中记载了一个小故事：

> 楚人有卖其珠于郑者，为木兰之柜，薰以桂椒，缀以珠玉，饰以玫瑰，辑以羽翠，郑人买其椟而还其珠。此可谓善卖椟矣，未可谓善鬻珠也。

这就是著名的典故“买椟还珠”。《说文解字》中说：“椟，柜也。”又说“匮，椟也，匣也”。可见，在古代，柜也称为椟、匮或匣。

最初的柜比较小巧，不似后世可以收纳各种杂物。古柜字“匮”的形象，可以反映出最初的柜，放置的都是贵重物品。比如在“买椟还珠”典故中，椟中放的是宝珠。又如《楚辞·七谏》中说“玉与石其同匮兮”，那匮中怎么能同时放置宝玉和石块呢？可见，只有珍贵的东西才可入柜。

因为珍贵，所以要珍藏。《尚书·周书·金縢》中说：“（周）公归，乃纳册于金縢之匮中。”在灭商的第二年，周武王就染上了疾病。于是周公便请命去祭告先王，“以旦（周公）代某（武王）之身”，而后求得3枚龟卜。周公回来后，他把这3枚卜辞都很吉利的龟甲，放在“金縢之匮”中。神奇的是，第二天武王就痊愈了。诚然，这“匮”里的龟甲有着举足轻重的意义，但周公待武王之心，却弥足珍贵。

由于柜中之物并非凡物，讲究“文质彬彬”的先民，自然也要将柜做得美轮美奂。就像楚人那漆椟，又是熏香，又是缀宝珠玉石，还要用玫瑰和翡翠装饰，真是无所不尽，毫不吝惜。在《左传·昭公七年》中说：“燕人归燕姬，赂以瑶瓮、玉椟、斝耳。”其中的玉椟是以玉做成的柜，它与玉瓮、玉斝一起作为燕姬的陪嫁，送给了齐景公。

图57
明早期 《洪武实录》金柜
故宫博物院藏

今天我们用的柜，造型多沿袭宋明以来柜的造型。比起秦汉时人们藏放瑰宝的柜，这时的柜已与匣、椟分道扬镳，其形制已增大许多。

在宋代以前，箱与柜还没有十分明确的区分。直至今日，在很多场合及语境下，箱柜还连用在一起，指一类家具。故宫旧藏的这件用以存放明代《洪武实录》的家具（图57），古人称之为柜，但从今人的角度来看，其形制却更接近箱。造成这一情况的原因，或许与“柜”之本意与“金縢之匮”的渊源有关。事实上，明以前人称存放玉牒、实录一类物品的家具为柜，其中关乎江山社稷的典章之物，的确是贵不可言，重于泰山。

人们开始从形制上来分辨柜，大抵已是明中期前后的事了。今日意义上的柜，开始从“箱柜”的合称中分离出来，并专门指正面开门、内里设有屉板的一类储物家具。故宫旧藏的明万历填漆戗金云龙纹立柜（图58），两扇对开的门中间设有活动立栓，柜内有两层黑漆屉板。柜门上部分戗金龙戏珠图案，两条龙盘曲着身体四目相对，好不狰狞；下部分饰鸳鸯戏水纹，水面上还垂落着枝条，倒有些生趣。

故宫中藏有一类特殊的柜，其做工极其讲究，不仅能满足柜的所有特征，而且结构更加巧妙。它是通常人们不愿意用到，却又常常避不开的一种柜——药柜。清宫旧藏的黑漆描金云龙纹药柜（图59），上为对开的柜

图58
明万历 填漆戗金云龙纹立柜
故宫博物院藏

门，下设有3个抽屉。柜通体髹黑漆，4柜门上为描金双龙戏珠纹，十分瑰伟。轻轻打开柜门，里面是别有洞天的另一重奇绝：柜内设八方转动式抽屉，每一面有10个；两侧又各立10层小抽屉。在柜内的每一个抽屉上均描金双龙戏珠纹，并涂金标注中药名称。整个柜子可谓巧夺天工，十分惊艳。

图59
明晚期 黑漆描金云龙纹药柜
故宫博物院藏

图60
故宫养心殿后殿西梢间陈设

明人已将木作艺术推上了一个巅峰，清代工匠也想出其新意，于是在沿袭明代柜形制的基础上，努力将柜打造得愈发岿巍厚重。这一类柜通常置于平地上，有时也成对放置。如在皇帝休息的养心殿后寝殿西梢房内，就摆放有一对高大、厚重而缛丽的紫檀大立柜。此外，坤宁宫内的一座高柜，令来往游客无不驻足观望。这组柜子呈对摆放，以其5米有余的高度，成功稳坐故宫藏最高家具的宝座。那柜上腾跃的龙无不骄傲欢悦，似随时都要携宝珠飞出来一般。

然而，如同清人上可乘骏马驰骋沙场，下可坐凳对弈品茗，柜在清代也并非一味求大，它同样也有乖巧可人的一面。清人多使用炕作为日常活动的场所。所以，柜也精心调整了自己，一起登上了暖炕。炕柜的尺寸一般不大，如养心殿后殿之中的三面围炕柜，柜身低矮，风格简洁素雅。在柜上摆着多宝阁，体现出一屋之主的品位，那西洋钟不时作响，也为这清冷的岁月带来多少生意（图60）。

（2）**嘉赠盈箱**

先秦时期的箱，常指用来乘坐人或放置物品的“车箱”。《诗经·小雅·大东》歌曰：“睆彼牵牛，不以服箱。”马瑞辰注“服箱”为：“服之言负也，车箱以负器物，谓之服。牛以负车箱，亦谓之服。”可见，那由牛背负拖拉的“车箱”，原意并非我们今天所用的家具。然而，彼时未见“箱”之名，但“箱”的历史，却上可追溯到新石器时期的石棺。[24]

目前可见的最早具备成熟形制的箱，大多出土于楚地墓葬之中。1956年发现的河南信阳长台关一号墓出土了1件木质文具箱，其内装有刻刀、毛笔等工具。1978年发掘的湖北随县曾侯乙墓出土了5件漆木衣箱：箱盖为隆起的圆顶，箱身部分为周正的方形，象征了古人天圆地方的宇宙观。此外，在湖北荆门包山二号楚墓中，还出土有内装耳杯、酒壶等酒具的酒具箱。这些战国漆木箱，无不精巧绝伦。

我们耳熟能详的汉乐府诗《古诗为焦仲卿妻作》，记录了刘兰芝与焦仲卿的爱情悲剧。通过这首诗，我们可以看到东汉末年家中常见的储物家具箱奁。[25]故事中，刘兰芝已被婆婆驱遣，临行前夕，她为丈夫留下来了“箱帘（奁）六七十，绿碧青丝绳”。这六七十只箱奁里，存放的既是刘兰芝的珍贵物品，也是两人爱情的见证。可怜的兰芝已料到，此生恐不复相见，只望丈夫“时时为安慰，久久莫相忘”。

在南唐画家周文矩的《重屏会棋图》中，也有一个精致的箱。画中的箱放在一张长榻上，在它的前面，似乎还放有一个奁。作为皇帝日常所用的器物，这件箱造型端庄，设色素雅，如同李璟、李煜父子的词，充盈着婉约儒雅的气质。然而，世事无常。随着“一江春水向东流”，对于一代帝王来说，失去的是家国；对于平凡百姓来说，改变的是生活……

宋代的市井文化，促进了宋代的经济发展。看似文弱的宋代，却拥有了甚至超过盛唐的经济发展水平。在这种背景下，便于携带的储物类家具“箱”，自然得到了势如破竹般的空前发展。1956年，人们在苏州虎丘塔发现了一件宋代箱实物：楠木材质，箱口活插门上挂有一枚鎏金镂花锁，钥匙仍插在里面。在宋代的画作中，也能看到肩负挑担、担上挂箱的人物形象。宋佚名《春游晚归图》（图61）中，便记录下了这一幕：一位老臣骑在

[24] 李宗山认为：“最早的箱形器具出现于原始社会末期，是为存放死者的随葬品而专设的。当然，盛敛死者的棺也可以看作一种‘箱’，只是这种箱与后来箱的用意明显不同。”

[25] 奁为储物的小匣子。《说文解字》中作“籢”，从竹，最早应为竹制的储物家具。

图61
宋 佚名《春游晚归图》
台北故宫博物院藏

图62
明万历 黑漆嵌螺钿描金平脱双龙戏珠纹箱
故宫博物院藏

马上仍饶有兴味的回首，身后的侍从或抬交椅，或扛凳子，垫后的侍从则肩上挑担、负着箱子慢悠悠地跟着。

明清时期，人们依旧离不开“箱”。至今，故宫中还藏有大量明清时期精美的箱。如故宫现藏的明代嘉靖时期的红雕漆松寿纹箱，颜色艳丽而不俗，通体剔红浮雕，箱顶盖雕双龙戏珠，前侧雕山石、松树、牡丹，两侧雕流云纹。据明人曹昭在其《格古要论·剔红》中说：“剔红器皿，无新旧，但看朱厚色鲜红润坚重者为好。”这件箱无疑是明代剔红漆木艺术品中的精品。

又如清宫旧藏的这对黑漆嵌螺钿描金平脱双龙戏珠纹箱（图62），本为皇帝巡守时存贮衣物的用具，但它华而不造作、奢而不浮夸，极尽工巧，不失为一件艺术品。这对箱，不仅运用了镶嵌、描金的工艺，还用到流行于盛唐的平脱工艺。所谓平脱工艺，是指将金属薄片剪切成图案，贴在漆面并再次上两三层漆，而后进行磨制以显示出金属纹样的工艺。在这件作品上，工匠们信手拈来地将各类复杂的工艺融合于一箱，却没有留下半点人工刻意的痕迹，真有巧夺天工之妙。

最能展现清人工艺的箱，或许应属康熙时期的这件红漆描金云龙纹箱了（图63）。这件箱自带一鼓腿膨牙的几形器为底座，甚是威风。箱正面绘有卷曲的流云，云间双龙正在戏珠。它一时兴起，便激起千层浪花，那溅上云端的水与云交织在一起，似梦似幻。

当然，也有一些并不出自宫廷造办处之手的家具进入宫中。如这件红漆描金花鸟纹长箱（图64），箱内的皮胎上写有制造作坊的名字“怡合和”，下面还有“店在阳江城内，里仁闸上开张×造家用皮箱”的字样。可见，这是一件来自广东的皮箱。箱体小巧玲珑，上描金花鸟、蝴蝶以及折枝花卉等图案；箱口蝴蝶式的合页，更为这小巧的箱增添了不知多少春意。如此玲珑可人，真是让人爱不释手！

（3）格里架间

架格一曲，轻灵悦耳；它们身为独立门户的家具，却又好成人之美。格里，或锦衣玉食，或纸墨书香；既有凡俗之性，也有博古之好。架间，或绫罗绸缎，或交藤连蔓；既看过悬锣挂鼓，也看过飞蛾扑火。它们的风采，就在默默无闻之中。

那悄无声息的格与架，本都是承物的器具。或许在明代以前，人们也并未把它们的区别放在心上。如在明代大儒乐韶凤、宋濂等人编订的《洪武正韵》中说：

> 格，庋格，凡书架仓架肉架皆曰格。《周礼·牛人》注挂肉格是也。

以“架”来解释“格”，格与架就变成一类物品了。不过，从今天可见到的清代架格来看：格，比架多了分隔的作用；而架，则更适合突出一件或一类物品。

据《周礼·地官·牛人》记载：“凡祭祀，共其牛牲之互，与其盆簝以待事。”汉人郑玄注：“互，若今屠家县肉格。”可见，“格”至晚在春秋时期，还被称为“互”，最早多用来放置肉。而“互”字交错中空的结构，的确像极了今天用的格。《字汇·木部》中的棚，即竹木搭构的架。贾思勰在其《齐民要术·种桃》中说道：“葡萄，蔓延性缘，不能自举，作架以承之。”可见，在北朝以前，为葡萄藤而设的葡萄架，还并非我们今天所说的架。

图63
清康熙 红漆描金云龙纹箱
故宫博物院藏

图64
清晚期 红漆描金花鸟纹长箱
故宫博物院藏

图65
战国 虎座鸟架鼓
湖北省博物馆藏

目前，人们还没有发现早期格的实物，但却能找到架的蛛丝马迹。从架“架物”的作用来看，可溯源到商代。迄今为止，考古人员在河南安阳殷墟妇好墓、殷墟西区墓葬等多个殷商古墓中，发现了数套尺寸从大到小依次递减的成组编磬，每一只编磬上面均有用于悬挂的孔。当时用于陈设这些石磬的器架，或许就可以被我们视为架的源头了。

在湖北随州的曾侯乙战国墓葬，出土了更为直观的乐器器架。除了数量壮观的编钟外，在湖北江陵望山一号楚墓中，出土了一件别具楚文化神秘色彩的虎座鸟架鼓（图65）。鼓立在两只反向站立的凤鸟身上，远远看去，宛若一轮红日。两侧的凤鸟似在迎接这朝阳，昂其秀项，引吭高歌。在那两只凤鸟脚下，各有一只乖巧的卧虎。有趣的是，它们虽然头朝相反的方向，但弯钩一样的小尾巴却在伸向彼此。这双凤双虎，共同构成了一件做工精美、色泽深幽的器架。

此外，具有架衣功能的家具也出现得很早。《礼记·内则》中说：

“男女不同椸枷。”郑玄解释其中“椸”：“椸，可以枷衣者。”可见，椸就是庋衣的家具。汉代许慎在《说文解字》中，给出了更加明确的回答：“椸，衣架也。”这椸，或许就是衣架的雏形了。在晋代，衣架已是自成一家。《晋书·王嘉传》中写道：

衣服在架，履杖犹存，或欲取其衣者，终不及，企而取之，衣架逾高，而屋亦不大，履杖诸物亦如之。

性情简傲的王嘉，对不诚恳的拜访者，从来都避而不见。而那来者只会见到他挂在架上的衣服，手杖也还在原处。如果来者想够取他的衣物，那衣架反而会变得更高。这听起来确实有趣，我们是否可以猜想，当时是否已经出现了可以伸缩的衣架了呢?

书架的出现，也不太晚。在唐朝，已有成熟的书架了。《五百家注韩昌黎文集》引孙汝听对“幽蠹落书棚”的注曰：“蠹，书虫；棚，书架。”虽难以断定人们何时弃用书棚之名，但书棚的称呼在明清两代已不多见。

从宋代到明代，因市井文化的兴起，这一时期绘画流行一种名为“货郎图”的风俗画。在不同时期的货郎图中，我们能看到“货架”形式的变迁。在北宋张择端所绘的《清明上河图》中，我们可以看到肩扛扁担的货郎在沿街叫卖，但他还没有可以称得上是“货架”的行头。而在南宋李嵩的《货郎图》中，货郎肩头的扁担上，已有了“货架”的雏形。虽然其结构十分简陋，但能在一定程度上满足了“琳琅满目”的展示效果。

元代佚名的《春景货郎图》（图66）中，货架下呈案形结构，施髹漆彩绘工艺；上面的架，则依旧由竹竿错综交叠而成。比起宋人的货架，这位货郎的货架不仅精美多了，其形制也更像是“橱”。明人计盛，绘有《货郎图》（图67），画中的货架与元人的相仿，却更为高大。

不知是不是这琳琅满目的货架触动了人们关于格的灵感，格的造型变出了新意。清代人的多宝格也称博古格，在设计时常携有架的风范，如这件黑漆嵌螺钿花卉纹架格（图68），其形如架，但中间的格却设置得别有趣味。最上层的一个格下面悬一绘有红花的小抽屉，在它下面又设一红漆描金的几形格。架格整体设色素雅庄静，但其中不无生气。

图66
元 佚名《春景货郎图》
台北故宫博物院藏

图67
明 计盛《货郎图》
故宫博物院藏

另一件多宝格则与它有着不同的性格。这件填漆戗金云龙纹多宝格（图69），色彩艳丽，格的设计既随意又不失规整，真可谓“随心所欲而不逾矩”。

图68
清中期 黑漆嵌螺钿花卉纹架格
故宫博物院藏

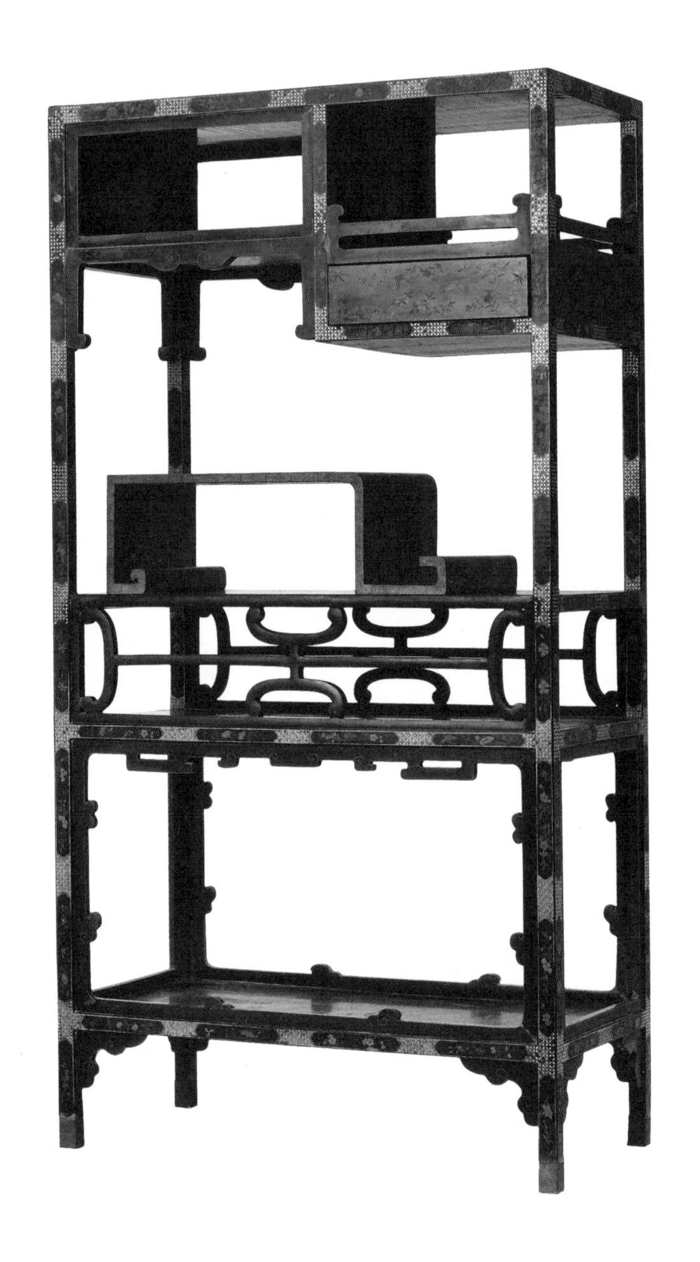

一代雄主乾隆帝退位后，来到了乐寿堂，这里留下了他晚年的几乎所有回忆。走进乐寿堂西暖阁，一面高大厚重的墙壁满饰博古架格，古朴而庄重。仔细看去，这组博古架格共由三部分组成，其中每一部分均不一样。在中间的架格下方，设有一双开门的小柜；柜门上雕有劲竹一对，有着几分淳俭。乐寿堂如今已是人去楼空，格内再无一物，但博古架格宏阔

图69
清中期 填漆戗金云龙纹多宝格
故宫博物院藏

图70
清中期 紫檀描金山水花卉多宝格
故宫博物院藏

依旧不减当年，反而更多了岁月赋予的沧桑韵味。

博古或多宝，本是玩赏的佳物。但日益华美的格，慢慢也成为了一道风景。或置于案头、或置于炕边，总是能有其风光的地方。如故宫藏的这件紫檀描金山水花卉多宝格（图70），50厘米有余的高度，不足20厘米的厚度，可令它在炕面或桌上“游刃有余地行走穿梭”。从风格来看，这件多宝格与《胤禛美人图》“博古幽思”中的多宝格十分相似，虽尺寸略有不同，但置于闺阁之中，都是一样的娟秀灵隽。

清代的能工巧匠不仅擅长把一件家具做精做巧，更善于融合众多元素，并在此之上大胆发挥其瑰奇的想象力，推陈出新。这件典雅的黑漆描金山水纹房式格（图71），便是其中的杰作。远远望去，多宝格像是一幢小房子，那细致逼真的户牖，令人不禁要幻想：门慢慢被拉开，从中走出一位小主人公。他向你打招呼，你也微笑地

图71
清 黑漆描金山水纹房式格
故宫博物院藏

图72
明末清初 黄花梨嵌螺钿夔龙纹盆架
故宫博物院藏

欢迎他。这件多宝格通体髹紫漆，描金山水花卉纹，下饰有卷云式内翻马蹄，十分精巧。从建筑造型与风格来看，应是受到了日本文化的影响。可见，清代的工匠们真是博采众长，为我所用啊。

架在明清时期，并不屑于与格争锋，它更希望陪伴在人们的寝居之间，润物细无声地贡献自己。如这件黄花梨嵌螺钿夔龙纹盆架（图72），上面放置着一个供人洗脸的色彩鲜丽的大铜盆。架身高大，在搭脑两端各有一玉雕龙头，两根横枨中间镶有中牌子，牌子上是一幅意境悠旷的山水人物图。使用者盥洗时，抬头便是野趣仙踪，想必心情也随之清素了不少。

（4）**香溢满橱**

橱，比起箱柜悠久的历史，它才从那榫卯艺术中“苏醒不久”。

笔者目前见到的较早描述书橱的文字，已是宋代前后的事了。这或许应从宋代与以往朝代的不同的“特质”说起。北宋初年，赵匡胤汲取前人经验，在登上皇位后，便采取了一系列加强中央集权的措施，其中最著名的就是那一出“杯酒释兵权”了。从这之后，军权几乎都掌握在皇帝一人之手，而舞文弄墨与浅唱低吟，则成为有宋一代独特的画感与音质。宋人的生活，窗外是风花雪月，窗内是蚕枕绣被；天上是月宫玉娥，天下是对酒当歌。文人寄情于山水之间，悦心于卷帙浩繁。于是，一切与翰墨书香有关的事物，都如得雨露之恩一般，一夜开花。

毕昇改良的活字印刷术使书籍的印刷更为便利。同时，得益于印刷业的兴盛，书籍的装帧形式也发生了重要的改革。在宋代以前，人们多用箱来收藏书籍，因为那时书籍的装帧形式，还多为不便于整理的卷轴式。而到了宋代，卷轴逐渐被易为整齐的蝴蝶装，并且在外面还增置了函套。装帧形式的变化，使得书籍更易于摆放，更便于使用者翻阅。由此为发端，人们要开始对存放书籍的家具进行改良，使它更适合宋代文人的生活方式，于是书橱便诞生了。

书橱的形式类似于桌案，但面下设有抽屉。这种形式既有桌案的使用功能，又具有箱柜的贮藏功能，十分方便。如宋刘克庄在《退斋遗稿》中写道：

念先君之文不少，概见于世前所谓两帙者、十帙者，克逊弟没，藏书数橱悉断烂不可读。

其中的“帙”，就是函套。将它堆叠整齐放在橱的抽屉里，便于存储也便于拿取。如故宫藏的这件铁梨木抽屉橱（图73），由于造型类似于桌，所以也被称作抽屉桌。在《红楼梦》第八十四回中，宝玉便曾支身边的小厮焙茗，“（去）我书桌子抽屉里有一本薄薄儿竹纸本子，上面写着‘窗课’两字的就是。快拿来”。其中放“竹纸本子”的书桌，就是类似于上图中的桌形橱了。

在古代的婚礼中，也要用到橱。这时，橱的特殊结构便要一显身手了。

图73
明 铁梨木抽屉橱
故宫博物院藏

橱又名“闷户橱”，这是由于在橱的抽屉下方、挡板后面，有一个私密的小空间，时人称这个结构为“闷仓”。使用时，人们需将挡板上方的抽屉取下，待放完物品后，再将抽屉装上。由于从挡板外面，人们只能看到精美的图案，很难想到里面竟有柳暗花明之妙，所以古人常将重要的文件或贵重的物品放在其中。在男女大婚之时，闷户橱常作为女方置办的嫁妆，随着新娘一起来到夫君家中。在闷仓里，女方可偷偷藏匿些金银细软，留待后用。这种巧妙的用途、隐晦的心思，也令它博得了“妆底”的美名。

当然，除上述特定的用途外，橱还可以放置杂物。这时，橱又具有了柜的形态，与柜相结合形成了柜橱。这类橱作为书桌画案的功能明显减弱，但却还保留着桌案承物的功能。同时，它下面的贮藏空间变得更为宽大。柜的结构与抽屉的结构相结合，使它收纳的对象，具有更大的灵活性。柜橱的体型有宽有窄，有长有短，常视使用的环境而有所变化。如这件黄花梨连三柜橱（图74），长两米有余，案面两头翘起，呈翘头案式。面下装饰的云纹牙头，淡化了柜橱的拙朴厚重，更多了些秀雅。案面下有3个抽屉，是其“三柜橱”之名的由来。这种大型的柜橱多

靠墙放置，平日里可点选一些妆点室内的工艺品放在上面，这也是它多功能的随和之处。

图74
明 黄花梨连三柜橱
故宫博物院藏

（5）**万象更新**

柜、箱、格、橱，四个主旋律相辅相成，促成了一首关于贮藏历史的乐章。它们时而两两作伴，时而一枝独秀，时而四声齐鸣，时而顿作余音。但在整理乐谱的过程中，我却还能发现，那有音却似无声处，还藏着一些可爱的小英雄与新秀。它们有的也有着悠久的历史，却在明清巧匠的手中灿然一新。

这件黑漆描金缠枝莲纹提匣（图75），上面是一把似罗锅枨形制的提梁，匣壁一侧设有活门，将它轻轻打开，里面如同多宝格一般，盘、盒、壶、碟一样不少，似乎随手拎起，就可去踏青野游了。小匣通体髹黑漆，提梁上描金小团花及卷草花，柔韧而不娇嫩，很是可人。

另一件填漆锦纹提匣（图76），造型多有几分天真烂漫。整个提匣呈“凸”字型，填饰的纹样也随“凸”字形而排布。通体明亮的朱红色，宛若少女的樱桃小口，不禁令人直接联想到李后主《一斛珠》中那“晚妆初

图75
清中期 黑漆描金缠枝莲纹提匣
故宫博物院藏

过”，“微露丁香颗”的伊人。

“你方唱罢我登场”，剔红工艺带给匣的美，往往是那“少女”方欠的明艳动人。这件剔红山水人物花鸟纹提匣（图77），正红与纯黑搭配，给人以大气而华贵的感觉。匣面上三人攀谈，以闲云野鹤作景，以旭日东升衬情；那划船与挑担的童子，捎来了画外的逸趣。匣的四壁满雕《杏林春燕图》。谁知那燕子是不是飞来“窥此画栋”的呢？

图76
清中期 填漆锦纹提匣
故宫博物院藏

图77
明中期 剔红山水人物花鸟纹提匣
故宫博物院藏

各式各样的盒，也是清代贮藏器具中的一道风景线。如故宫藏剔犀“福寿康宁”长方盒，气质庄素内敛，造型简洁质朴。盒盖刻有“福寿康宁”的祝福。它上面的磨痕或许并非岁月的偏爱，恐怕更多是因为使用者对幸福安乐的迫切渴望吧。

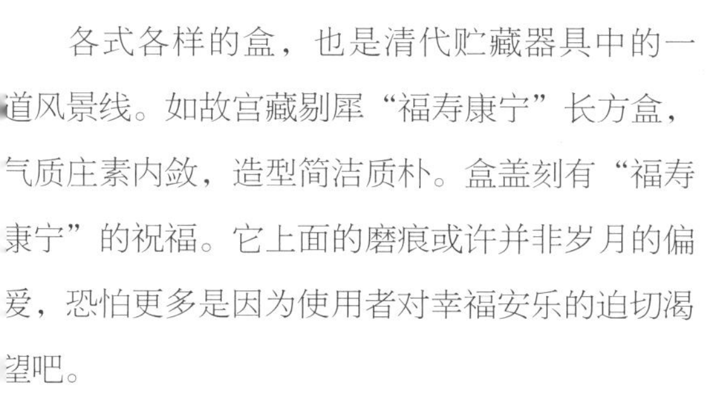

故宫旧藏的这件黑漆描金三多锦袱长方盒（图78），真可谓霞思云想、妙手天成之作。长方盒外面系“锦袱”，这柔滑绮丽的锦绣，从下抱起里面的髹黑漆盒，并在盒盖上信手结节。初见时，你会幻想那冰凉丝滑的手感，更仿佛眼前就有双纤纤素手即将为你款款轻解。但结果却会超出你的意料，那“锦袱”并非真锦真袱，它们只不过是能工巧匠以木精琢的造型——这便是它的绝妙之处。据清造办处档案记载：

雍正十年二月二十七日，首领萨木哈持出洋漆包袱盒二件。皇上传旨：此盒样式甚好，照此再做一些黑红漆盒。

可见，睿智的雍正帝，也对这具有“欺骗性”的小木盒爱不释手了。

对既有器形的变旧革新，也是明清巧匠们的拿手好戏。如将双开门的柜与没有门的格组合在一起，形成亮格柜。或者吸收几案的形式，令自己的腰身更为窈窕。如这件紫素漆花卉纹洋式格（图79），它顶板两端翘头，如女人的云鬓软卷；正面既有推拉门，也有抽屉，还有对开门；每一面上都以金漆涂饰菊花，宛若身着杭锦的衣裙，十分俊雅。格下的三弯式腿，上面丰满下面纤细，似有韵律暗藏其中。格通体风格为西洋式，宛若一位衣着清新、气质婉丽的女士。

的确，历史并非全是男人的天下，也需要女人的娇媚。那梳妆台前的文弱女子，也各有说

图78
清中期 黑漆描金三多锦袱长方盒
故宫博物院藏

图79
清 紫素漆花卉纹洋式格
故宫博物院藏

图80
清 黑素漆梳妆台
故宫博物院藏

不尽的风情。在宫殿的长案上，人们总会摆放一座钟表、两个花瓶，以求“终生（钟声）平（瓶）安”的美好寓意。然而伴着指针转走的不仅仅是易碎的光阴，还有女人易逝的容颜。那一位位曾坐在花杌上的妩媚女子，静对面前的梳妆台时，是否也留意到了那抓不住的芳年华月；那镜中之影，是否也曾为光阴似箭而攒眉蹙额？当曾经的六宫粉黛都已不再，那静静伫立的梳妆台似乎也不能抒怀。图中这件黑素漆梳妆台（图80）显露垂暮之色，虽漆金描彩，却难掩岁月之殇。那正面的抽屉里曾弥漫着胭脂香，那正中的镜里曾映照着桃花靥，如今便只剩下那表面的花枝与野鹤。观者也为之寂寞。

三、饰·意呈祥——器制与饰意

1. 遵制具设　纹饰吉祥

负阴抱阳的榫卯，不仅仅是那木与木的海誓山盟，还是那玄黄天地在人文上的结晶。它既勾勒了世间万象的千姿百态，也寄托了渺小人类的美好希冀。

“仰观宇宙之大，俯察品类之盛”，是先民对世界的摸索与探究。那交辉的日月、那贲华的草木，无不令古人叹为观止；那以藻绘呈瑞的龙凤、以炳蔚凝姿的虎豹，都是令古人敬畏的神明。于是，我们的祖先摹形绘色，将它们凝结在了一件又一件别具意义的器物上。它们就成为最早的吉祥图案了。

滥觞于远古图腾的各种吉祥纹样，在汉代董仲舒“天人感应”观的推动下，上可见于瓦当上的四灵，下亦有皇陵地宫中的连篇壁画。同时，在汉人日常使用的铜镜上，出现了诸如“长宜子孙”等寄寓着祝福的吉语。唐代是吉祥纹样的熔炼时期。在不断汲取、积累外来文化的过程中，许多原本属于西域的艺术元素，也积极加入到了唐人的器物当中。如西番莲纹、葡萄纹以及各种锦簇的花卉纹样，多见于此时期的金银器中。这些经唐人之手后而变得瑰奇富丽的图案，在宋代依旧维持着自身的形态，但结合了宋人温婉内敛的特点，以更为纤秀淡雅的风格，飞入寻常百姓家。明清两代，是祥禽瑞兽、繁花硕果以及各式吉语的鼎盛时期。此时的工匠们，更是花样百出地将寓意美好的元素附在生活的每一个角落里。而作为日常与人形影不离的家具，便成了最好的载体。

图81
明 黄花梨雕双螭纹玫瑰式椅
故宫博物院藏

“步步高”赶枨，是结构与祝福的完美结合。在各式椅凳下面，连接四条腿的横枨，名为“管脚枨”。“步步高”赶枨是明式椅中十分常见的一种结构。它的特点是，椅子前面的枨最低，两侧的枨稍高，后面的枨最高；从前看去，如同“步步高升”一般。这样错落的设计，不仅避免了在椅腿同一位置两侧同时开榫所导致的受力不均，同时还以更优雅的造型寄寓了最美好的祝愿。如这件黄花梨雕双螭纹玫瑰式椅（图81），便采用了“步步高”赶枨的形式。与它相适的是在背板中间，两条首尾相接的螭龙，围成了一个如意形的开光。螭龙，是明清时期常见的纹样，它常象征吉祥。在这把椅子中，螭龙与开光共同形成了“吉祥如意”的暗喻。

“福”也是清人特别重视的一个题材。但古人却不常直书“福”字在家具上。由于蝙蝠的“蝠”与“福”同音，于是，蝙蝠的造型便常被借来表达人们对“福”的渴望。与蝙蝠的用法相类似，温驯的“羊”也是家具中常见的题材。“羊”与“阳”发音相近，古人常借塑造3只羊，来隐

图82
清中期 紫檀座镀铜金大吉葫芦挂屏
故宫博物院藏

喻“三阳开泰”。“三阳开泰”，原取形自《周易》的泰卦。如同泰卦的卦辞“小往大来，吉，亨”，“三阳开泰”也有万事顺利安定的意义。此外，还有许多有趣的谐音用法，也具有“福”的内涵。如驮瓶的大象常代表“太平（瓶）有象”，寓意河清海晏、国泰民安。当花瓶与月季同时出现时，可取每个词的后一个字，串联为“四季平（瓶）安”。或者取与“陆”（六）谐音的鹿，与“合”谐音的鹤，把它们放在一起代表“六合”，而后配上代表春天的松树和花卉，共同形成“六合同春”的祝福。“六合”即全天下的意思，“六合同春”，便是祈求全天之下皆如同春天一般生机勃勃。

除了上面可以谐音的意象外，一些造型独特的事物也被古人借来作为祝福的载体。如那多籽的葫芦、石榴、葡萄等植物，常用来寄寓“多子多孙、儿孙满堂”的美好愿望。故宫藏紫檀座镀铜金大吉葫芦挂屏（图82），整体造型呈一个饱满的大葫芦状，上面还缠附着无数五颜六色的小葫芦。这各色的葫芦宛若一个个胖嘟嘟的小婴儿缠绕在眼前，确实能令人喜笑颜开。不怪乎上面要特别嵌着“大吉”二字了。

人们乐于以“多籽”来暗喻“多子”，也经常用连绵不绝的意象来

图83
清晚期 紫檀拐子纹长桌
故宫博物院藏

暗示家族后继有人、人丁兴旺。如这件故宫藏紫檀拐子纹长桌（图83），在桌腿与矮佬间，透雕曲折回旋的拐子纹作为装饰。据说，“拐”音还与“贵”谐音，所以民间百姓也常以此纹来祈得“贵子”。缠枝式纹样同拐子纹相近，也展现了缭绕攀折的形态。由于它上面或缀葡萄，或托花卉，所以也是一种十分常见的祈福多子的吉祥元素。

此外，明清家具中的许多纹饰，既非谐音，也不是纯粹的象形；它们都属于由历史文化积淀而来的一种民族记忆——厚重而悠久。如上文提到过的螭纹，早在《左传》《史记》中都有提及。又如常以老者形象出现的禄星、福星、寿星，合称“三星”，可追溯到《史记·封禅书》。松、竹、梅合称“岁寒三友”，梅、兰、竹、菊合称“四君子”，亦都是宋代便有的题材。那麒麟与龙凤，则更是上承原始图腾，具有丰富而深厚的文化内涵。

在今天的紫禁城中，我们不仅可以通过每一个细节揣测古人的心意，也可以从布局张设中一窥古人私密的生活。西六宫、东六宫及外东路、外西路的建筑，较紫禁城中的其他殿宇要低矮一些，因为这些地方多作为生活居住区。曲径通幽处是宁静的院落，婆娑的树荫，以及苒弱的花草。室外的影壁层绕，令那悄然溜进来的空气也变得舒缓；室内的家具安置，也令室内的空间有条不紊、井然有序。一殿之内家具的规模与品质，往往体现着主人的身份和地位；而家具的风格与设色，亦会透露主人的格调与品位。

据《国朝宫史·经费一·铺宫》记载：在后宫中，能享有“锡里冰箱”的只有皇太后及皇后两人，每人可各享两件，而皇子和福晋只可享有“锡里冰桶一件”，其他人则既无冰箱也无冰桶。又如包角桌，皇太后及皇后可享有“金云包角桌”，每人可有两件；皇贵妃与贵妃可享用“鋄金铁云包角桌”，每人一件；至嫔又降一级，可享一件“鋄银铁云包角桌”。最后，常在和答应唯有人各一件的“铫银铁云包角桌”而已。

清代皇宫中对洋漆家具的使用，也有规定。在铺陈宫殿时，只有皇太后与皇后可各享有“洋漆矮桌二”，其他人若想使用，恐怕只可等待赏赐了。而那大量保存至今的“漆合（盒）”，也不是后宫妃嫔想拥有就能拥有的；在置备的数量上，根据身份不同也有明确的规定：皇太后“漆合三十”，皇后“漆合二十六”，皇贵妃“漆合四”，贵妃、妃、嫔各只有“漆合二”，常在与答应则无；皇子福晋可用“漆合六”，皇子的侧福晋则也只享“漆合二”。

沈春津在《长物志》的序中写道：

> 几榻有度，器具有式，位置有定，贵其精而便、简而裁、巧而自然也。

在清代，宫邸、王府的明间及居民住宅的堂室，多采用轴对称的形式放置家具。但在人们日常生活的区域内，家具则会摆放得稍微灵活一些。东西六宫中殿宇的次间，或为宴息之地，或作为卧寝之闺阁。这些面积相对小的屋室，多以炕、床为主体，并辅以成套的椅、凳、墩等坐具，桌、案、几等承具，以及橱、柜、箱等贮藏家具。同时，为避免室内气氛失于刻板，还常穿插着一些用于营造情调氛围的屏风、架格，以及许多摆件、字画或花卉。如在乐寿堂的东暖阁内，北壁的炕床构成了这间小屋的主体，边设脚踏一只、凳一对；靠窗立着一张造型简洁素朴的高桌，上面还点缀有一玉山子。转过身来，床的对面是一溜儿的长炕，在暖炕正中央的炕桌上，还放置着一件古雅的屏风。暖阁之内的家具，风格相对一致，所有家具及物品，布局得紧密而盈实，但却没有局促之感。

与这间暖阁的纯素厚朴相比，《红楼梦》中荣国府嫡孙贾宝玉的住所，则布置得格外富丽堂皇。在第二十六回“蜂腰桥设言传心事，潇湘馆春困发幽情”中，贾芸第一次来到贾宝玉的房内，“抬头一看，只见金碧辉煌，文章烱灼，却看不见宝玉在那里。一回头，只见左边立着一架大穿衣镜，从镜后转出两个一般大的十五六岁的丫头来说：‘请二爷里头屋里坐。’”如此大的排场，令那贾芸连正眼也不敢看一个。随后，他“又进一道碧纱橱，只见小小一张填漆床上，悬着大红销金撒花帐子。宝玉穿着家常衣服，靸着鞋，倚在床上拿着本书看”。贾宝玉见贾芸进来后，便放下书堆着笑站起身来，贾芸忙来请过安，宝玉便让他“在下面一张椅子上坐了”。古人座次，以榻最为显贵，椅则次之。贾宝玉坐的床，便相当于榻，它构成了贾宝玉所住暖阁的核心；而贾芸坐的椅子，虽摆在室内，却多是为晚辈及客人所设。

与荣国府相邻不远的宁国府，也是同样的奢华靡丽。尤其逢年过节，更是要整妆得格外气派。在《红楼梦》第五十三回中，宁国府除夕祭宗祠罢，众女眷来到贾珍妻尤氏住的正房，只见“尤氏上房早已袭地铺满红毡，当地放着象鼻三足鳅沿鎏金珐琅大火盆，正面炕上铺新猩红毡，设着大红彩绣云龙捧寿的靠背引枕，外另有黑狐皮的袱子搭在上面，大白狐皮坐褥，请贾母上去坐了。两边又铺皮褥，让贾母一辈的两三个妯娌坐了。这边横头排插之后小炕上，也铺了皮褥，让邢夫人等坐了。地下两面相对十二张雕漆椅上，都是一色灰鼠椅搭小褥，每一张椅下一个大铜脚炉，让宝琴等姊妹坐了”。贾母坐的“正面炕”，是这间正房的核心。在宫内，这个位置也常设有御座。居于此位的人，身份自然是十分尊贵的。尤氏的这间正房，以此中央炕为轴，又旁设两溜长榻。坐在这两侧的，是上文提到的邢夫人等人，即辈分仅次于贾母的夫人们。而在两溜长榻的下面，才轮到椅。两排椅子上，坐的都是辈分更小的姐妹们。她们不仅仅就座的位置有等级的分别，连用的褥垫也是有贵贱之分的。贾母及其同辈人用的是上好的狐皮袱子和垫褥；邢夫人一辈坐的两侧炕，铺的是皮褥；再次之的椅，则是用“灰鼠椅搭小褥”铺垫。当然，即便是如此，这荣宁二府的置具，也是非寻常百姓所能享有的。

2．帝王百姓　嫁女同俗

“洞房花烛夜，金榜题名时”，这是古代士人长谈的两件美事。如那《西厢记》中的张生，最终既抱得了美人归，又考取了功名回，真可谓人生风流当如是。《仪礼·昏义》中说道：

男女有别，而后夫妇有义；夫妇有义，而后父子有亲；父子有亲，而后君臣有正。故曰：昏礼者，礼之本也。

昏，即婚；昏礼便是婚礼。在古人看来，它是所有礼仪之根本。即便金榜题名侍奉在天子左右，也要归根到男女有别、夫妇有义之上。早期的婚礼含有六礼。男女方需经纳彩、问名、纳吉、纳征、请期、亲迎方算完婚。随着历史的由繁化简，宋以后，也常合为问名、订盟、定聘、亲迎四礼，今天还有部分地区留有这四个礼仪。

男方下彩礼，女方陪嫁妆，既是表心意，也是摆阔绰。大户人家的女子，小到衣服首饰，大到房内陈设，不光是穿戴日用的物品，连同日常伺候的丫鬟，都会陪着自家小姐嫁过夫家去。常言的“良田千亩，十里红妆”，就是用来比喻嫁妆之丰厚。据《书仪·亲迎》记载，亲迎的前一日，“女氏使人张陈其婿之室”。司马光解释说：

俗谓之“铺房”。古虽无之，然今世俗所用，不可废也。床榻、荐席、椅桌之类，婿家当具之；毡褥、帐幔、衾绹之类，女家当具之。所张陈者，但毡褥、帐幔、帷幕之类应用之物，其衣服袜履等不用者，皆锁之箧笥，世俗尽陈之，欲矜夸富多，此乃婢妾小人之态，不足为也。

可见，喜气洋洋的婚礼，往往成为双方角逐财力的较量，而双方互赠的礼物，也常是工匠们“逞工炫巧”的寄托。

在民间，用于婚嫁的物品，除了女方用惯了的手边物外，还常常要提前订制家具、被褥等居家用品。有钱人家的女儿，常会选择俗称“嫁底”的闷户橱作嫁妆。在闷户橱的闷仓里，则会藏些金银细软。而拔步床、官皮箱、梳妆台也是大户人家常有的。在制作这些家具时，黄花梨、紫檀木是首选的材料，并且多饰有寓意良缘、贵子的吉祥纹样。如在椅背透雕“榴开百子图”，以石榴“千房同膜、千子同一”的特点，来祈福新婚夫妇婚后多子。此外，喜鹊与鸳鸯，也是大婚家具中常用到的意象。由喜鹊与梅花组成的纹饰，常被称作“喜鹊登梅”纹，有“喜上眉梢”与“喜从天降”之意。而鸳鸯浮于水面的纹饰，则被称作“鸳鸯戏水”，其寓意为新婚夫妇当真是天设地造的一对良缘。当然，那些婴戏图更是率真地袒露了人们的心声；那上面顽皮可爱的儿童，也着实令观者心中泛着柔软（图84）。

在宫中，帝后大婚时皇后的“嫁妆”则由皇家全权办理，其中不乏制作精美、用心巧妙的家具。据今存《皇后妆奁金银木器抬数清单》，在皇后的妆奁中有“脂玉夔龙雕花插屏成对、汉玉雕仙人插屏成对、脂玉雕鹤鹿插屏成对……紫檀雕花玻璃花卉戳灯二对、紫檀雕花大宝座一张、紫檀雕花炕案二对、紫檀事事如意月圆桌成对、紫檀茶几二对、紫檀足踏二对、紫檀宝座椅八张、紫檀雕花杌凳八张、紫檀雕花罗圈椅八张、紫檀琴桌二对、紫檀连三抽屉桌二对、紫檀雕花架几案二对、紫檀雕花架几床一张、紫檀书格成对、紫檀雕龙盆架一件、紫檀雕花匣子二十件、朱漆雕龙凤匣子二十件、紫檀雕花箱子二十只，朱漆雕龙凤箱子二十只、紫檀雕花大柜二对”，等等。

激动人心的时候马上就要到了：伴随着场面的铺列排开，婚礼最为核心的环节“亲迎”即将到来。“亲迎”，今人也称“迎亲”，它是这婚礼中，礼仪最繁缛、场面最热闹的一节。这一天，新郎终于能揭开新娘的盖头，一睹挑花靥；而在这一夜，将会留下夫妻二人最美好的回忆。

抬起花轿，一日的喧嚣开始了。新娘的花轿，在前呼后拥的围簇下，款款向新郎家摇来，好不热闹。从今天留下的末代皇帝溥仪大婚时的照片中，我们还能够看到清代这种大轿的形制。它上承宋孝宗为皇后所制的“龙肩舆”，“其制：方质，棕顶，施走脊龙四，走脊云子六，朱漆红黄藤织百花龙为障；绯门帘，看帘，朱漆藤坐椅，踏子，红罗裀褥，软屏，夹幔”。[26]尽管当年唯有黑白照片留了下来，今人已无法感受到那轿辇鲜艳的颜色，但依旧能看到低垂的帘上那醒目的“囍”字。作为民国准许的特例，当时的人们已无法再给了这对清代皇室新人更多的隆盛，但那花轿的帘后，一定藏着末代皇后婉容难掩的忐忑与激动。

溥仪在他的《我的前半生》中回忆道：

按着传统，皇帝和皇后新婚第一夜，要在坤宁宫里的一间不过十米

[26] 据《宋史》记载：“龙肩舆。一名棕檐子，一名龙檐子，舁以二竿，故名檐子，南渡后所制也。东都，皇后备厌翟车，常乘则白藤舆。中兴，以太后用龙舆，后惟用檐子，示有所尊也。”轿子古已有之，但婚礼中所用的花轿，有学者认为其滥觞于此时。

图84

明 黑漆嵌螺钿婴戏图立柜

故宫博物院藏

见方的喜房里度过。这间屋子的特色是：没有什么陈设，炕占去了四分之一，除了地皮，全涂上了红色。

据文献记载，至少从康熙四年（1665年）起，紫禁城坤宁宫的暖阁，就已是皇帝与皇后大婚时行合卺之礼的地方。在这里，清代的皇帝与皇后，将遵循先秦古礼“共牢而食，合卺而酳”。坤宁宫东暖阁，以北炕为核心，常设“硬木雕龙凤炕几二张”。婚礼之时，还会另置“硬木雕龙凤双喜字桌灯二对，红呢炕罩一件”。在故宫的库房中，存有标“东暖阁北大炕”字样的大红缎绣龙凤双喜字大炕褥一件，尺寸与北炕的大小相符，也应是在婚礼时才置于北炕上的。与炕褥相配的，还有大红缎绣百子图大座褥两件；龙凤与百子，正寄托着夫妻二人最美好的心愿。[27]

在行“合卺礼”前，皇帝与皇后要先在龙凤喜床上吃一种“子孙饽饽”的食物。它形似饺子，却以栗子、红枣、花生为馅，具有利子、贵子的寓意。随后，“内务府女官恭进宴桌，铺设坐褥于龙凤床沿下，相向坐，恭进皇上、皇后交杯用合卺宴”（《光绪大婚典礼红档》卷七）。合卺宴用的是“黄地龙凤双喜字红里膳桌”，器具则是赤金盘碗锅碟、红地金喜字瓷碗、五彩百子瓷碗、嵌松石镶玉的筷匙等，均寓意吉祥美好、福寿绵长。

在古代，子嗣的多寡，直接关系着家族的兴旺。《礼记·昏义》曾写道：“昏礼者，将合二姓之好，上以事宗庙，而下以继后世也。”同时，古代有“母以子贵”的观念，所以，在新婚时，亲朋好友对新人最大的祝福，除了举案齐眉，便是早生贵子了。而栗子、花生、红枣这些具有早生贵子寓意的食物，就成了婚礼上必不可少的物品。人们不仅要用它做“子孙饽饽”，还常拿它们来“撒帐”。在《坚瓠集》卷四“传席撒帐”中，曾提到“撒帐”作为汉代婚俗的悠久历史：

撒帐始于汉武帝。李夫人初至，坐七宝流苏辇，帏凤羽长生扇。帝迎入帐中，共坐饮合卺酒。预戒宫人遥撒五色同心花果。

其中撒的五色同心花果，就是明清时期宾相手中的五谷、栗子、枣儿、荔枝、圆眼。朱墙、绣褥、百子帐，撒完果子行洞房。据溥仪的回忆：

新娘子坐在炕上，低着头，我在旁边看了一会儿，只觉着眼前一片红：红帐子、红褥子、红衣、红裙、红花朵、红脸蛋……好像一摊熔化

[27] 参见朱家溍《坤宁宫原状陈列的布置》，《故宫博物院院刊》1960年2期。

了的红蜡烛。

今天，走近坤宁宫的东梢间，依旧是红彤彤的一片天地，虽然经过百年沧桑已陈旧了不少，但室内布局，大致还保留着清代皇帝与皇后大婚时的模样。在进入东梢间一进门的影壁后面，还放置着当年皇帝皇后结婚所用的喜桌。那方桌通体的红漆，还在暗暗泛着红光，桌面上的描金龙凤，仿佛是曾经在百子帐中行周公之礼的一对对新人，桌腿上描的双喜花卉，无不见证了那一个个过往的洞房花烛夜。遥想当年坐在朱红炕上宛若羞花的婉容，伴着床前闪烁不定的烛光，心中也应有着那少女的懵懂与欣悦；那即将燃尽的关于清代皇室的故事，也伴随着那一个漫漫黑夜的落幕，从此停滞在了坤宁宫的东暖阁内。

2014年五一前夕，工作人员准备对东暖阁东壁墙上挂的顾铨《增受泰元图》进行修复，在其后面发现了有咸丰帝落款的贴落。对联书：

乾坤增瑞色

殿陛启春和

横披为：

五祀沿周礼，深宫率典型。

天恩承保定，祖训式聪听。

饯腊釆为滕，敷禧云作軿。

帝城祈富庶，风马灿繁星。

壬子小除夜作御笔

这副对联藏在东暖阁已达百年之久。每天白天，这间小屋都要迎接数以万计前来“膜拜”的游客。此时的它，正如咸丰帝所望，向往来的八方之客呈现那古老周礼的遗迹。虽然时移世易，礼仪在今天已改变了许多、简化了更多，我们也不再需要那昔日的皇帝与皇后作为我们遵行礼仪的典范。但那关于皇家大婚的记忆，仍旧留在了坤宁宫，仍旧留在了紫禁城。

“今月曾经照古人”。当每晚月光如约洒进东暖阁时，那巧笑倩兮、美目盼兮、顾盼倾城的佳人却早已芬芳落尽，化作尘埃。或许，至今未变的，只有那对联中的“瑞色乾坤”吧！

第三章　榫卯交响三·家具文人篇

榫卯交响中有一章格外温婉的乐篇，它时而寂寥如御风的腊梅——格高香杳、性冷质清；时而化作峭拔与刚正的孤竹，中空外直，宁折不弯。然而它最留恋的，还是那诗词歌赋、芳茗萃壶、亭台楼榭，还有红袖添香。这首关于文人家具的乐章，是风中的悠扬，是翰墨的浓香，是那文人的画案，亦是那曲水的流觞。

一、文人与书房

文人的内涵，或可上溯到那春秋时期的贵族。他们虽不以文人自居，但在当时，恐怕没有比他们更重视修养自身之“文”的群体了。此后，随着帝王参与创作，到科举以诗赋取士，文人成为一种特殊的身份，降临到了历史的舞台上。他们的喜好、他们的情趣，乃至他们的生活习惯，都代表了一种文化认同。于是，他们案上的一笔一墨、他们坐下的一榻一椅、他们手边的一杯一盏，都将成为一种雅的记忆，融入榫卯的悦耳声中。

1. 澄怀观道以悠游——棋桌、琴桌

一弦鸣音，和着天边叆叇的云烟，袅袅升起；晨曦下的树影扶疏婆娑，有一群人卧在弱草中抒怀骋情。他们是魏晋时期最逍遥任性的一群人，是用生命顽抗那黑暗统治的一群人，他们浑身洒脱着清逸的“文人气”，也演绎着那借酒消愁的“文人癖”。

竹林七贤与荣启期（图85），是魏晋时期最著名的一幅砖画。画面绘有嵇康等七贤潇洒肆意的形态，以及相传为春秋时期高士的荣启期。他们分坐在树间，无一人跽跪正坐，反而或箕踞，或懒卧，总之都是一副泰然自处的视若无睹。在其中一幅画里，从那“手挥五弦、目送归鸿”的嵇康弦间，传来了绝世洒脱的广陵散；旁边那“嗜酒能啸”的阮籍与“饮酒至八斗方醉”的山涛，正自酌酣饮得淋漓正欢；而素有“清赏简要”的神童王戎，则斜卧侧倚，闲意正浓。

在另一幅画像中，那妙注《庄子》的向秀，正闭目凝神，若入虚静；

图85
南朝 砖画中的竹林七贤与荣启期
南京博物院藏

在他左侧，一贯“行无辙迹、居无室庐、幕天席地、纵意所如”的刘伶，正“操卮执瓢”，沉醉琼浆；追随林叶间的清徐之音寻去的，是“妙音律、善琵琶”的阮咸与“能鼓琴自宽”的荣启期，二人也正轻拢慢捻、弹指人生。他们的品质格调，是这一时期人们的追求；他们的举手投足，都是魏晋风度。

随置隐几，随设茵席，三杯两盏淡酒，聆听风穿林声细细。随着竹林七贤而展开的玄关妙门，具有禅味的家具成为文人的一种雅兴了。那隐几不同于礼味甚浓的凭几，可凭靠倚卧，随心所欲；那坐下之榻，也从宫廷之中分身一半，与那座上之人共享闲适；那刚刚远道而来的胡床，透着放荡不羁的异域风情，常得文人的提携。

遁亦于野的文人们，寄情山水，静观天地，或援琴鸣弦，或对弈观棋。于是，隐几之间设棋局，觞弦之下有琴桌。据史料记载，我们的祖先从几千年以前，便发明了各种适合置于桌案上的游艺。在《左传·襄公二十五年》中曾记载，由于卫献公暴戾，孙文子与宁惠子发起政变驱逐了卫献公而另立了卫殇公。然而宁惠子临终前表示悔过，并交代他的儿子宁悼子协助献公复位。听到这个消息的卫国大夫文子，感慨宁惠子的前后不一而说道：

> 今宁子视君不如弈棋，其何以免乎？弈者举棋不定，不胜其耦；而况置君而弗定乎？必不免矣。

用今天的话来说，就是“宁子如此擅立兴废，如何能免于灾祸！下棋的人瞻前顾后，都无法打败他的对手；更何况立皇位这种大事呢？宁子一定会罹祸的”。果不出文子所料，宁悼子很快就尸横朝堂了。这个故事，就是“举棋不定”的来源。而此中的棋，据扬雄《方言》云：“围棋谓之弈。”可见早在春秋时期，人们便开始下围棋了。

在今天，我们能见到最早的围棋棋具是来自陕西汉阳陵南阙门遗址。在这里，一具西汉景帝时期的陶质围棋盘，将围棋的历史实证到了2000年以前。可惜的是，这件棋盘出土时便残缺不全，难以窥其原貌。而相对稍晚些的河北保定望都一号东汉墓出土的石质围棋棋具，已是一张具有一定高度的棋桌了。桌面下有优美流畅的壸门，桌面的棋格也更加规整，与它相配的还有一灰色陶盒的黑白卵石棋子。

魏晋时期的文人雅士，同样常注情于棋弈之间；耳濡目染的孩童们，也常以对弈为乐。如在《三国志·魏书·崔毛徐何邢鲍司马传第十二》中，曹操擒孔融，其“二子年八岁，时方弈棋”，那无邪的宁静定格在了童年的记忆里；而那落下棋子的清音，也终成为那短暂生命中的绝响。

清风徐来，推波逐涟；经历五胡之乱而满目疮痍的中华大地，又迎来了自信而雍容的盛唐。这时，文人不再是男人的“特权”，许多女官也具有了文人的身份。这一时期的文人画，常常成为女人竞逐妩媚的舞台，彩墨纸绢也往往浸渍着宫娥的胭脂浓香。在新疆吐鲁番阿斯塔那古墓群发现的唐代《弈棋仕女图》（图86）绢画中，一位面若绯霞、身形盈润的宫娥正坐在一张双人连榻上对弈。她纤指间的棋子刚刚掷下，即刻响起一声清脆；棋子布在木质棋桌上，棋桌由多足支撑，足与足之间皆设壸门，整体风格简素。

在宋代《会昌九老图》和明代《词林雅集图》的画面中，可以看到宋明时期常见的一种矮棋桌。其近地的高度直承汉唐，但气质更为朴拙；四

图86
唐 佚名《弈棋仕女图》
新疆维吾尔自治区博物馆藏

条圆桌腿矮立，彼此之间有一字横枨相接。不过，随着这一时期椅、凳等坐具的普及，棋桌也出现了新的改变。故宫旧藏的万历的黑光漆三连棋桌（图87），四肢纤细而峻拔，造型俊朗而清逸；如同这时期的文人，率性如东坡，格古若七子。这件棋桌的桌面为活心板，打开桌面是棋盘，棋盘两侧是棋子盒；掀开棋盘有方槽，槽内竟然还有抽屉两个。整体设计十分巧妙。

清代的天下虽属于满人，但汉族传统的娱乐项目围棋，依旧是文人们陶冶性情、远难避祸的归宿。这一时期的棋桌，既有低矮的，也有高挑的。低矮者常置于炕间榻上，高挑的则可置于院落中假山旁。如故宫藏《慈禧对弈图》中的棋桌（图88），置于园囿中；慈禧端坐在棋桌右侧的绣墩上，身后还衬托以洞石假山。这件围棋桌通体髹黑漆，桌面下有高束腰，造型方正而整饬。

从棋盘到棋桌，从矮小到高大，围棋悠久的历史令其目睹了中国席居

图87
明万历 黑光漆三连棋桌
故宫博物院藏

生活方式的衰落，以及以垂足而坐为标志的立体生活方式的崛起。然而，古代的文人用以自娱的游艺，却不只围棋一种。在历史上，还存在着许多古老的游艺项目。流行于先秦至魏晋时期的博艺“六博”，[1] 虽然具体的操作方式在唐代便已失传，但六博局的博具却保留到了今天。六博局的博具主要分为三种形式：一种如广西西林出土的青铜博具与湖北江陵一号墓出土的漆木博具，均呈现桌案的形式；一种为汉代画像砖上最常见到的呈扁平盘状的六博具，在河北平山中山王族墓出土的六博局石盘是这一类中的精品；另一

[1] 六博，亦作“陆博”“六簙”。六博局在战国时期便已十分普及，据《战国策·齐策》记载：“临淄甚富而实，其民无不吹竽、击筑、弹琴、斗鸡、走犬、六博、蹹踘者。”

图88
清 佚名《慈禧对弈图》
故宫博物院藏

图89
西汉 黑漆朱绘六博具
湖南省博物馆藏

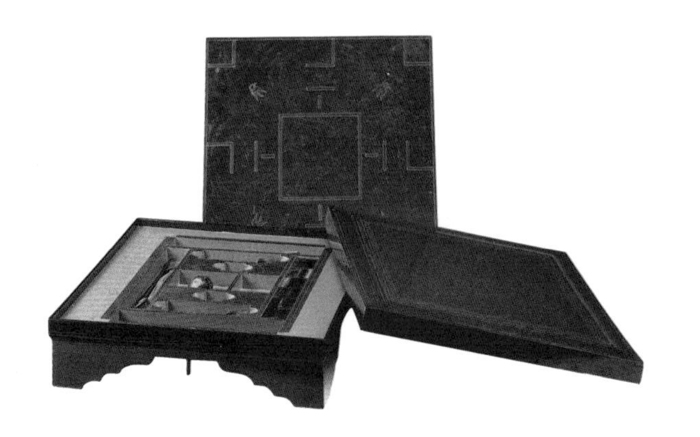

种，则是湖南长沙马王堆汉墓中出土的黑漆朱绘六博具（图89）。马王堆这件六博局博具十分有趣：覆上盖子，是小巧而精美的案一张；打开盖子，里面整齐地划分为数个大小不一的隔层。在隔层中，分别放有博局（棋盘）、其（棋子）、箅（筹码）、采或煢（骰子）、刀、削和小铲等工具；而球形十八面体的骰子，则单独放置在另外一件双层六子漆奁中。

虽然在战国时期，六博局就已经成为连黄口小儿都皆知的游戏，但那心思细密的魏晋文人，却从中品出了逸兴。建安文学的领衔人物之一、能七步成诗的曹植，在《闲人篇》中歌曰：

仙人揽六著，对博泰山隅。

湘娥拊琴瑟，秦女吹笙竽。

那挥掷的流影，飘然的皆是仙气；唯有娥皇女英婉转的琴瑟之音，与秦女弄玉那宛若凤鸣的箫声，方才配得上它的灵性。

除了围棋与六博局外，樗蒲、双陆棋、象棋与弹棋等，也是古代文人乐而为之的闲趣。尤其在那幽昧的汉末魏晋时期，命运多舛、时运不济，本就令文人们悲鸣呜呼、无所凭依。于是，众多文人远避仕途、及时行乐，如两汉乐府《古歌》中唱的那样：

主人前进酒，弹瑟为清商。

投壶对弹棋，博弈并复行。

文人们或饮醉，或鸣音，或娱乐，或赌博。这些游艺或多或少，都掺杂了文人软弱的无奈；那些博艺，也是生而为文人的尊严与生命之无常的博弈。种种附着了文人魂魄的棋局娱乐，随着文人的归园田居，落入了凡俗，来到了民间。那本出自古礼的投壶，愈加只为了逗趣；那为皇帝而创立的弹棋，也“落草”坠入了民间。

南北朝时期，从西域传来了一种新的棋局，它“盛行于齐、梁、陈、隋间”，在唐代被视为一种高雅的情趣。这就是那狄仁杰曾打败张昌宗的“武器”——双陆棋。在唐代绘画《内人双陆图》中，两位宫娥各坐在两张月牙凳上忖度着棋路，中间是一具叠置的双陆局。这件双陆局的独特之处在于它的双层结构：在高度上满足了人坐于凳上的需求，造型上也更为别致。那壶门式结构与似榻非榻的外形，呈现出一种融汇中和之美。

随着贺铸一声“度闲双陆子，拨恨十三弦”，惊醒了对弈众人。那放罢棋子的文人，还要面对如戏的人生。那戏中不绝如缕的琴音，莫不似那一弦一柱思华年。而作为尘凡中人，终究非那云端虚境的仙人，既无湘妃的“琴瑟和谐”，亦无弄玉的“凤凰来仪”；唯有“博综伎艺”与“吟咏性情”，方能“自足于怀”。唐代诗人白居易曾赋诗云：

> 月出鸟栖尽，寂然坐空林。
> 是时心境闲，可以弹素琴。
> 清泠由木性，恬澹随人心。
> 心积和平气，木应正始音。
> 响余群动息，曲罢秋夜深。
> 正声感元化，天地清沉沉。

在这首旷澹的《清夜琴兴》中，澄明清静的不仅仅是这秋夜乾坤；随着琴声余韵娓娓，涤除玄览的还有诗人的心境。

听——那跌宕顿挫的高山流水，藏着的是伯牙与子期的千古知音情，奔涌的是那司马相如为卓文君奏的凤求凰。当宫、商、角、徵、羽，五音依次奏响，那文人手下的弦也轻颤如花。兴许是由此而发端，那琴或琴几上，也都绘有鲜嫩的娇花。如新疆吐鲁番阿斯塔那唐墓中出土的琴几，几面描着花鸟图案；仿佛琴声一响，那鸟儿便会携花高翔。这件髹漆彩绘琴几，狭长而简致；与它同时出土的还有一张保存完好的五弦琴，多有曹丕那“援琴鸣弦发清商”的清朴余音。想必这墓主人也一定是位风流人物吧。

图90
宋 赵佶《听琴图》（局部）
故宫博物院藏

比它稍晚些的琴桌，也同样娴雅，但在功能上却是“大有作为”。在宋徽宗赵佶《听琴图》（图90）中，一把素琴端放在琴桌之上。桌面的下方别有一种特殊的箱型结构，它具有增强音效的作用。南宋姚宽《西溪丛

图91
明 填漆戗金云龙纹琴桌
故宫博物院藏

语》写道："芳香去垢秽，素琴有清声。"妙音令人心旷神怡，也需有暗香做伴来沁人心脾。于是赵佶那琴桌之旁还立着孤高的香几，上有馥郁袅袅升芳。这一桌一几高低错落，瘦削而中正；在这竹旁树下清风里，不加雕饰，特有风骨。

明清时期的琴桌多柔婉优雅，更富女人丰韵。那琴桌下的音箱，汲取了古代郭公砖中空而传音的特色，被明清的巧匠们改良得更为隐秘。如这件填漆戗金云龙纹琴桌（图91），桌面下方不再冗赘着方方正正的"箱"；而是通过镂花的屉板与桌面之间的空隙，形成一个共鸣腔。从琴桌的外面看去，丝毫不着痕迹。听琴之人，也只能看见那眉飞色舞的双龙，随琴音戏着宝珠，游走在云里雾间。

琴与棋间，萦有文人之灵；琴桌与棋桌，驻有文人之性。古代的文人们，伴运兴而走马观花，随世衰而颠沛流离；或寒窗十年换来功名加身，或识破宦梦而归园田居；穷则独善其身，达则兼济天下；即可黄沙百战穿金甲，也可暂享葡萄美酒夜光杯。在他们的身上，有着风中劲草的柔韧，也存在性情与功名交织缭绕的纠结。每当月下西楼寂寞时，却无人能诉说自己内心的苦涩与惆怅，于是，琴与棋，成为常伴左右的知己。陆游老来叹："老惰恐作疏，时来寓琴弈。"（《东冈》）在日渐枯槁的岁月面前，只有琴棋可以寄托。那相隔百年的清人金孝维也说："归来卧茅屋，遣闷惟琴弈。"（《六旬初度书怀》）纵使长安春风恩泽深，唯在陋室鼓琴对弈能抒怀。或许，在诗词歌赋中，更多的是文人们愿意倾诉、有意流露的情绪，而弄弦玩艺，方能令他们与天地相交而忘我吧。澄怀观道以悠游，乘此清音而飞升——

2. 纸墨笔砚伴书香——书柜、画案、博古架等

隐几时看画，安弦静谱琴。

（张藻《静逸园秋日闲居》其三）

放浪形骸于郊野，浅唱低吟在吾轩；纵使山水再怡情，也需有家可长归。于是，书斋文房，成为文人们室内自娱自乐的一片天。它不在大，而在巧；它不在华，而在雅。在这个小世界里，既有宛若低音的厚重书橱书柜在长吟，也有似中音的宽阔画案书桌在浅唱；而那活泼清脆啼鸣的，是宛若高音、随性杂设的玲珑架格。尽管这些备受宠爱的书房常常只是一间陋室，屋主也要令它饱含或急或缓、或轻或重的韵律美。

早在宋代，文人便有意识地勾勒自己的书斋，并津津乐道于给这宁静安逸的地方取一清名雅号。如陆游的老学庵、沈括的梦溪园，或多或少，总有屋主人的细密心思在其间。宋人葛绍体曾为自己的书房作诗《洵上人房》曰：

自占一窗明，小炉春意生。

茶分香味薄，梅插小枝横。

有意探禅学，无心了世情。

不知清夜坐，知得若为清。

在这间小屋内，光经一窗轻露，炉是小的，香是薄的，梅上也是小

枝，一切皆简省，却不乏韵味。确实，若是惟吾德馨，这雅室又何须大呢？即便只拥有草堂一座、或茅屋一间，文人们便可挥翰洒墨、吟书赋诗，颐养精神、寄托性灵；他们那充盈而饱满的内心世界，又岂止是天地之间所能容纳下的呢？

元稹曾赋诗云："几案随宜设，诗书逐便拈。"（《开元观闲居酬吴士矩侍御三十韵）。这种得来毫不费工夫的随意与闲适，便是小小书斋的乐趣；而人们眼前的一桌一案，身旁的一橱一柜，或那随手可得的古董文玩，亦是屋主人品位的投射。

在宋代，文人的书房多具禅境，那笔墨纸砚亦沾满雅趣。六祖慧能大师曾云：

> 菩提本无树，明镜亦非台，
> 本来无一物，何处惹尘埃。

宋人的书房陈设，正体现着这种"身外无物"的禅意：四白落地的墙壁，并不置冗余的挂饰；屋内的家具摆设，都有简极的品格。在河南新密平陌宋墓西北壁的《书写图》中，一间小小的书房透露着宋代女子的品位。壁画上，身着蓝色赭绿儒衫、下着素地黑色长裤的她，正低首含胸，左手按纸，右手题书。在她的面前，一位跪伏的侍女，在为她捧托纸张。女主人的座下，是线条流利的靠背椅；在她的身后，立有端庄简净的屏风；书斋的角落中，书案上叠摞着书函。如此情景，不知那宋代的才女李清照，是否也曾经历；回复那"云中锦书"之信，是否也是如此写就。

宋人的书房虽陈设得简约，却讲究要在细处呈现高格。他们的文房用具，常要久经鉴别精选。据史料记载，唐宋时期有四宝：笔要宣城诸葛笔；墨推徽州李廷珪墨；好纸当澄心堂纸；佳砚则属婺源龙尾砚。其中那诸葛笔是鼠须笔的一种，为苏东坡的挚爱。他曾赞叹说："惟诸葛氏独守旧法，此又可喜也。"（《笔说》）由此笔写就的书法，流利若游丝，顽韧且自如。

在古代，文人之间常以书札往来，或增益情感，或推敲文章。尤在此刻，对笔墨纸砚几近吹毛求疵的挑剔，恰体现了彼此的品位与对书法绘画的独特洞见；用四宝之妙品所书写的信札，常暗示着他们对彼此的珍视与情深。欧阳修在《六一诗话》中说："余家尝得南唐后主澄心堂纸，曼卿为余以此纸书其《筹笔驿》诗。"在这千金难求的澄心堂纸上，落墨的不仅仅是石延年卓越超群的笔法，还有他与欧阳修深厚的友谊。当苏舜钦与石延年这两位高朋都撒手而去时，欧阳永叔沉痛之余直叹：

自从二子相继没，山川气象皆低摧。

君家虽有澄心纸，有敢下笔知谁哉！

恐怕自此以后，再无妙手敢在澄心堂纸上下笔了吧！

明人的书斋，汲取了宋人关于"简"的沉思；在室内屋外，均能见主人的高致。在朱瑞的《松院闲吟图》中，院外是高山与苍松，院内是主人之家。房屋左侧的书房，简素而清雅；陈设无他，一桌一案便是小屋全部。在书房的门口，另闲置着两件坐凳。它们各自沉默着，只等那往来谈笑的鸿儒前来叩门（图92）。

在《项脊轩志》中，归有光勾画了他那充满了温情、弥漫着思念的小小书斋。

项脊轩，旧南阁子也。室仅方丈，可容一人居。百年老屋，尘泥渗漉，雨泽下注；每移案，顾视，无可置者。又北向，不能得日，日过午已昏。余稍为修葺，使不上漏。前辟四窗，垣墙周庭，以当南日，日影反照，室始洞然。

如此破败简陋的项脊轩，却依旧得到了主人的关怀。在院外"杂植兰桂"，开窗即可远观；在屋内"借书满架"，足以寄情骋怀。在精心的排布点缀后，主人"冥然兀坐"，便可得"万籁有声"，当真是可爱至极。

与宋代文人热衷于搜集文房诸宝不同，明代的士人更多一分博古之好。据《藏书纪事诗》卷四记载，仅在长洲士人顾国本的斋阁内，便"唐宋以来法书名画，充栋插架，以及尊罍彝器，杯盎几案，入其室无一近今物"。如此品类繁盛、数量众多的古董、先贤书画乃至传世家具，如何使之巧妙地装点书斋而不显冗余，着实是一门学问。对此，董含《林史》中曾说：

士大夫陈设，贵古而忌今，贵雅而忌俗。若乃排列精严，拟于官署；几案纵横，近于客馆；典籍堆砌，同于书肆；古玩纷遝，疑于宝坊，均大雅之所切戒也。

图92
明 朱瑞《松院闲吟图》(局部)
天津博物馆藏

可以看出，读书人，即使有家财万贯，亦不能因炫示逞能，而失了雅韵。麻雀虽小，五脏需全；在陈设之时，也要谨防落入窠臼。亮格柜的出现正迎合了此时雅士的心思，它下面是柜，书画置其中，隐而不露；上面是架格，展示宝物，虽是冰山一角，却勾人回味无穷。

明代是画家书法家辈出的时代，在明人的书斋中，多能见到一种细狭而长的案。它不同于普通承物、用膳的案，而是专做泼墨赏书之用的画案。它如长条一般的案面，便于铺平长卷，故人们也称它为“条案”。条案的两侧多设有翘头，这是为了防止铺开的卷轴滑落到地面上。每当画轴从条案的一侧慢慢舒展开来时，这承载画中缤纷万象的案，也因此深厚丰富了自身的底蕴。

如董含所云，“堆砌典籍”，亦是盛行于这一时期的风尚。在印刷术尚不发达的时候，书的数量也十分有限，藏书多出自官府或皇家。尽管宋代时亦有陈振孙、晁公武等著名的藏书大家；但终究因条件有限，藏书只限于少数文人。而从明代开始，随着商品经济的高度发展与印刷业的兴盛，书籍变得更容易得到。于是，这一时期涌现出更多的私人藏书；许多文人，于政客、画家、学者等身份外，又多了一重身份——藏书家。他们往往大设书架、书橱等家具，甚至不惜挥重金来建立藏书楼。故宫藏明万历时期的黑漆洒螺钿描金龙戏珠纹书格（图93），高过人顶，横如一面墙，它见证了明代藏书之大观。

清代的士人同样喜好收藏，如在盐商兼藏书家安仪周的“古香书屋”内，便“贮牙签万轴，余尽商周秦汉青绿宝器，唐宋元明名家翰墨也”（《题画梅》）。然而清人对收藏的追求，比之明代文人，却是有过之而无不及。这时的文人们不仅仅好博古，还讲究“通今”。除了书画古董之外，出自当代工匠妙手的色瓷、香印、铜炉、钟表、石雕，甚至是鼻烟壶，都可以成为清代文人的掌中爱物。当然，若要将如此琳琅满目的藏品，可信手拈来把玩在手中，那明代高大的亮格柜显然已无法满足需求了。于是清代的工匠们对传统的架格进行了改良，创造了造型各异的多宝格。这种展示架格，既富有强烈的立体感，又兼具错落有致的韵律之美；大大小小，或落顽石，或添瓷器，花花绿绿，总能令简素的书斋悄然成趣。

作为清代文人之冠，当属皇帝。朝堂之上，它是万人敬仰的一国之君，朝堂之下，他亦是饱读诗书的文人雅士。清康熙二十九年（1690年），法国传教士张诚受邀来到养心殿，为康熙帝教授西方科学。他用自己好奇的双眼将这座宫殿打量一番，并在当天的日记中，以细腻的笔触记录了下来。《张诚日记》其中一段描写了康熙小憩歇息的西次间：

> 这里却很朴素，既无彩绘金描，也无帷幔，墙上仅用白纸糊壁而已。这间房内的南边，从一端到另一端，有一呎到一呎半高的炕。上铺白色普通毛毡，中央有黑缎垫褥，那就是御座。还有一个供皇上倚靠的引枕。其旁有一呎左右高的炕几，光滑洁净，放着上用的砚台、几本书

图93
明万历 黑漆洒螺钿描金龙戏珠纹书格
故宫博物院藏

和一座香炉。旁边小木架上置碾细的香末。香炉是用合金铸造的，在中国很名贵，虽然它所含的大部分只是一种很古而稀有的铜。接近炕，皇上走过的地方放着蜡制的水果，这是我们抵达北京时进献的。室内许多书橱满贮汉文书籍。旁边多宝格上陈设各种珠宝和珍玩，有各色各样的玛瑙小杯、白玉或红宝石以及各种名贵宝石，琥珀小摆设，甚至手工精雕的核桃。

这间小屋的陈设和功能，在康熙时期，神父们多在此处“向皇上讲解教士们所屡次进献的或为皇上仿制的欧式数学仪器的用途”。到乾隆时已有所改变。

作为由满族人统治的王朝，清代文人的室内陈设，多受满人生活习俗及审美情趣的影响。如养心殿的这间小屋，在乾隆时期已被易名“三希堂”，专供皇帝养性修身、悦目怡情。而所谓“三希”，即“士希贤，贤希圣，圣希天”。乾隆皇帝以“士人仰慕士人中的贤者、贤者仰慕更高洁的圣人、圣人则敬畏天”这三个境界，来黾勉自己读书修身、孜孜不倦、坚持不懈。在这间幽静的小屋内，暖炕独占一边。暖炕之上是一件造型古雅的紫檀透雕卷头炕几，炕几之上置放着笔架、笔筒等文房用具。暖炕的一侧，设有坐垫、引枕，供皇帝安坐；另一侧，则摆放一件小巧的架格，架格之上放有香炉与插屏。在炕几的旁边是窗台；窗台上亦是各式文玩依次排开，十分整齐。在皇帝就座的这一侧的墙面上，左右分别题“怀抱观古今”“深心托豪素”5个大字。不过，比起宋明时期简洁淳朴的书斋布局，这间三希堂的布置风格，更符合满族人的审美特色。那历来多被冷落的墙壁上，如今也被皇帝精心点缀上了不同颜色、不同样式的挂屏，为这书香之地平添了许多绮丽纤秾。

乾隆帝尝好题字作诗，这是他皇帝身份外的文人之魂。他所用的文房家具，也都处处体现着他作为文人的巧妙构思。在今天的故宫博物院中，藏有一件乾隆帝生前御用的活腿文具桌（图94）。文具桌的桌面分为两部分，每一边的底部均呈屉状，两个匣屉中间以合页相连，可向桌面下方合拢；桌的四条腿与桌面同样以合页相接，将桌面向下摆放，四条桌腿亦可收进桌面内侧。将桌腿收进、桌面折叠后，这件小桌就摇身一变成为了一个文具箱。提起就可巡幸江南，兴起便可摊开题字，再一折叠就可回宫。这件巧妙的折叠文具桌，令乾隆帝在政客与文士之间穿梭自如、游刃有余，真的是十分有趣。

图94
清中期 乾隆帝御用活腿文具桌
故宫博物院藏

3．心斋坐忘一壶春——明式家具与紫砂壶

茶。

香叶，嫩芽。

慕诗客，爱僧家。

碾雕白玉，罗织红纱。

铫煎黄蕊色，碗转曲尘花。

夜后邀陪明月，晨前命对朝霞。

洗尽古今人不倦，将知醉乱岂堪夸。

——元稹《一字至七字诗——茶》

唐宋文人之香茗，如同魏晋士人之浊酒，酽酽之中，倒映的都是生命的味道。在他们眼中，茶是“百草之首”，“万木之花”；它平和而冲淡，也有闲情与雅致；它清澈而百味，却玄虚而奥妙。它，以一盏清波，将道家的自然境界、儒家的人生境界以及佛家的禅悟境界融汇在一起；在含蓄幽敛之间，已悄然负“天地钟灵毓秀之德”。[2]

如元稹在这首宝塔诗中所云，唐代的诗客、僧家，无不恋慕茗茶；在“邀陪明月、命对朝霞”之寝息间，唯它，是神交的灵魂伴侣；知己一般的香茗，令唐人也情甘为之作著。经陆羽的《茶经》，“茶”成为了一部经典。唐人饮茶常以煎煮，多用碗盛之。在众多的烧造碗的窑口中，北方以邢窑碗为佳，其特点为“邢瓷类银”“邢瓷类雪”“邢瓷白而茶色丹”；自邢窑而出的碗自然亦如北国之严冬瑞雪，釉润光银，洁白如月。与此同时，南方则以越窑碗为上，其特点是“越瓷类玉”“越瓷类冰”“越瓷青而茶色绿”；越窑的碗，一如江南之青山碧水，温润如玉，冰清玉洁。然而，不论是出自邢窑还是越窑的茶碗，造型均十分典雅，与此时的家具一样，整饬而妍丽。

《庄子·庚桑楚》中云：“正则静，静则明，明则虚，虚则无为而无不为也。”当滚滚红尘中人，摒却凡愁、涤除杂念，便会得到宁静；持守宁静后会有清明，秉清明之后更有虚空；当达到了虚空之境时，人便有那“无为而无不为”的大道了。这大道之清，如茶之色淡质彻；大道之虚，若茶之回味无穷。此中的空灵与虚静，恰是宋代文人追求的“体悟”与

[2] 详见赖功欧《论中国文人茶与儒释道合一之内在关联》，《农业考古》2000年第2期。

"自性"。于是，在宋人杯盏中漂浮的一叶青绿，不仅是那草木之精、天地之灵，而是万物之象；宋人之椅榻案几，亦有清茶之空、寂、虚、静之性，而令人禅悦。

"雨过天晴云破处"，一语点亮宋瓷之色。比起诗意的唐代文人，宋代的雅士更胜词情。正如词不比诗之温柔敦厚，却又多留婉转楚丽之音；宋人的茶盏亦不比唐人之"碗"庄静端素，却独有柔肠娟秀之姿。于是，有宋一代，"汝窑为魁"[3]；禁中之宠，莫非汝色。汝窑釉色若天青，柔光泛微粉，质地细而润，令那琴瑟可协、书画为高的宋徽宗，亦恍惚其神，望之出离。遥想当初，将一只汝窑碧色茶盏置于一张纤瘦高挑的髹黑漆桌案上，一定是宛若春枝发芽，淡绿幽芳。

除了汝窑，宋徽宗亦曾说道："盏色贵青黑，玉毫条达者为上。"（《大观茶论》）其中的玉毫，是宋代文人喜用的建窑盏。在蔡襄于治平元年修订的《茶录·茶盏》中写道：

茶色白，宜黑盏，建安所造者绀黑，纹如兔毫，其坯微厚。

建窑盏，釉色乌黑、光泽盈润，口沿处布满密集的浅色针锋样纹饰。远远看来，好似兔子身上尖细的毫毛，熠熠生辉。这种集天然灵性与偶然于一身的华美装饰，与充满神秘感而素朴低沉的黑釉，恰反映了宋代文人追求天道自然，却又热衷孔孟之道的两种不同追求。与此相同的，还有茶盏下的桌案，品茗人座下的椅凳，均不同于唐的富丽与宏达。它们同茶一般，味清而有余味；它们简洁明朗的造型、原味质朴的用材，亦是与茶的品格相类。而在不尽的回味中，宜兴的工匠们正在钻营着茶与土的结合，酝酿着一场漫长的约会。紫砂茶器，即将诞生。

明人的生活，直承宋人之抱朴，却情味深长；于读书之余，清代的士人，又擅长钩织生活中的趣味。如陈继儒在《小窗幽记》中曾说：

尝净一室，置一几，陈几种快意书，放一本旧法帖，古鼎焚香，素麈挥尘，意思小倦，暂休竹榻。饷时而起，则啜苦茗，信手写《汉书》几行，随意观古画数幅。心目间觉洒空灵，面上尘当亦扑去三寸。

在这窗明几净的小屋里，有赏心悦目的书画，有除秽升清的香茗，有懒卧小憩的竹榻，亦有屋主十分性情。那"快意"，那"暂休"，那"信

[3]（元）陶宗仪《南村辍耕录》云："本朝以定州白磁器有芒，不堪用，遂命汝州造青窑器，故河北唐邓耀州悉有之，汝窑为魁。"

手”，那“随意”，道不尽的都是这间小小书斋的逍遥与自由。这种心之所向吾往之的乐趣，便是明人独到的哲学。

你未看此花时，此花与汝心同归于寂。你来看此花时，则此花颜色一时明白起来，便知此花不在你的心外。

（《阳明全集》三十八卷）

明代大儒王阳明认为，心外无物。如同赏花，唯当你感受到它时，它才成为花，它才有花的艳丽颜色。一切都是因心而起。由是，心，在明代成为标准，从此，文人们开始更加用心去感受世界，更加用心去营造生活，也更加用心地去创造美。

这一时期，最得风流雅士神韵的大抵要属那俊秀洗练的明式家具与见素抱朴的紫砂壶吧。在明人的桌几上，常置那涤濯凡尘的香茗；这一大一小，是那明人生活中的“不可一日无此君”。明人熊飞曾在《坐怀苏亭，焚北铸炉，以陈壶、徐壶烹洞山岕片歌》说：

书斋蕴藉快沉燎，汤社精微重茶器。

景陵铜鼎半百沽，荆溪瓦注十千余。

可见，明代士人在书斋之内雅会朋友，其精深微妙之处是在茶具。普通人用来泡茶的景陵铜鼎只要五十钱，而那令明代雅士趋之若鹜的荆溪砂壶，却常抵万金。以砂壶待友，不仅别露雅致，且可巧避比财攀富之嫌——的确“精微”。

在明人仇英的《松溪论画图》（图95）中，两位老者正坐在水岸边，其中一人身后横一古琴，一人身后是一张低矮的石案。一把朴拙的砂壶置于案的一角，似正偷听这两位老者谈今说古。画面左侧是皴山染柏，浓叶淡石。此中古意，既仰赖于山水草木的映托，也得砂壶、石案、木琴、草席的点拨。

唐人瓯碗、宋人茶盏、明人砂壶，在三代不同的器物之后，蕴含着三种不同的饮茶之法。唐人煮茶、宋人点茶，直到明代，人们才如今人一样以壶泡茶。而经紫砂壶的茗香，最得文人之心。明人文震亨在其《长物志》中曾说：“（茶）壶，以砂者为上，盖既不夺香，又无熟汤气。”这由紫砂壶而沥出的茶叶本初汁味，似与那寻童心、秉性灵的明朝士人有着

图95
明 仇英《松溪论画图》轴
吉林省博物院藏

精神上的共鸣。

明式家具亦有如砂壶所泡茶之至真至纯之味。黄花梨木与紫檀木都是明式家具的常用材质，然而明代文人则喜以细腻而和婉的黄花梨木来点缀书斋。如此修成的文房家具，峻拔而峭立、简洁而晓畅。木与茶之间的渊源，是明代文人搭起的鹊桥：黄花梨木材心质硬挺而色内敛，类茶之高品而雅静；黄花梨料内清苦却四溢芳香，又若茶味之初啜苦涩后味回甘。它们，都是明代文人"心"之倒影。

明代是一个以"心"去体悟世界的时代。那工匠艺人手中有"真"，文人们便毫不吝惜地将"心"奉上。明代宜兴砂壶的手艺，均以师带徒的形式传承。熊飞《坐怀苏亭，焚北铸炉，以陈壶、徐壶烹洞山岕片歌》诗中亦云：

宣工衣钵有施叟，时大后劲模陈徐。

凝神昵古得古意，宁与秦汉官哥殊。

余生有癖尝涎觊，窃恐尤物难兼图。

昔年挟策上公车，长安米价贵如珠。

辍食典衣酬夙好，铸得大小两施炉。

今年阳羡理箬架，怀苏亭畔乐名壶。

明早期，有那偷学技艺而宛若天成的供春树瘿壶，后有开创新异的时大彬三足盖壶、六方壶、紫砂扁壶、天香阁壶、僧帽壶，亦即诗中之“时大”；在时大彬这位制壶巨匠之后，又出现了陈明远、徐友泉等宜兴制壶的佼佼者。他们聚精会神悟对古意，使所制之壶“方非一式，圆不一相”，极尽天工。他们以一双巧手赋予了泥土生命；壶则以一壶春水赋予士人古风。品茗所带来的意境，恰若徐渭所说：

致品茶，宜精舍，宜云林，宜磁瓶，宜竹灶，宜幽人雅士，宜衲子仙朋，宜永画清谈，宜寒宵兀坐，宜松月下，宜花鸟间，宜清流白石，宜绿藓苍苔，宜素手汲泉，宜红妆扫雪，宜船头吹火，宜竹里飘烟。[4]

这清雅淡泊的闲情，这月下石上的幽静，直追唐王维《竹里馆》那“深林人不知，明月来相照”的意境。徐渭《某伯子惠虎丘茗谢之》云：

青箬旧封题谷雨，紫砂新罐买宜兴。

一把宜兴紫砂，足令痴人更情痴。围绕着宜兴这个浓情之地，苏作的明式家具亦得到了情味的真传。而那壶下之器，往往更加空灵而素朴。如描画山水需留白，制作砂壶需腹空，那苏地的明式家具，自然也懂得以虚为实之道。明代著名人文地理学家王士性曾说：

姑苏人聪慧好古，亦善仿古法为之，书画之临摹，鼎彝之冶淬，能令真赝不辨。又善操海内上下进退之权，苏人以为雅者，则四方随而雅之，俗者，则随而俗之，其赏识品第本精，故物莫能违。又如斋头清玩、几案、床榻，近皆以紫檀、花梨为尚。尚古朴不尚雕镂，即物有雕镂，亦皆商、周、秦、汉之式。海内僻远皆效尤之，此亦嘉、隆、万三朝为始盛。（《广志绎》）

在有明一代，苏地不仅书画人才辈出，才子佳人故事不绝，在工艺方面又有紫砂与家具双峰并立。出自苏地工匠之手的家具，和京作家具、广作家具相比，更少错彩镂金，更多洁雅纯净，更富文人气息。如这件故宫藏明代苏作翘头画案（图96），如明人紫砂壶之素雅的外表，这件画案亦以灵虚取胜。在众多繁缛雕琢的家具当中，它静而不语，恍若遗世独立；如明代那小

[4] 引自清陆廷灿《续茶经》卷下引徐渭《徐文长秘集》之文。

图96
明 榉木翘头画案
故宫博物院藏

隐于世的文人，于雪案萤灯之下，上一壶清茶，铺一轴古画，便足见雅韵高致。

情不知所起，一往而深。

在汤显祖撰写的传奇《牡丹亭》中，那为梦中之情便“可以生”“可以死”的杜丽娘，莫不是明代文人自己。他们的一片真心，看似标新立异，却最思古怀旧；那“心之精”的真情，看似激荡狂傲，实则蕴藉深沉。正如唐寅《桃花庵歌》所吟咏的：

别人笑我忒风骚，我笑他人看不穿。

不见五陵豪杰墓，无花无酒锄做田。[5]

纵那世人不解，岁月无情，吾亦有青灯黄卷，可消解闲情；吾亦有桃花美酒，自斟竹林月下。从他们手中那只老壶倾泻而出的碧波，莫不是久居喧嚣之中文人们清澈苦涩的心魂；自那疏影阑珊的明式家具中透出的微光，莫不寄寓着明士对清明之质、逸兴之灵的追求。一壶相陪走一生，一椅相扶伴一世，一心一意到永久——也许，这就是为何今人摩挲那紫砂、那花梨，依旧手感盈润温厚的原因吧！

［5］《桃花庵歌》有不同版本。此处文字引自明万历刻本的《唐伯虎先生集》外编卷一。

4. 因材施巧以敷形——明式椅的启示

椅是一门艺术，它有着适当的节奏，或轻快或凝重；它有一定的风格，有时空灵，有时浑厚。每当坐在一把椅上，我们不仅与它形成了一种亲密关系，更是融入了它的节奏当中。那圈椅椅圈优雅的弧度，令人不禁要搭上双臂，细细品味；那靠背椅背板柔美的S形弧面，令人不由想靠上去，感受那木的温柔……在这椅的怀抱里，可“引壶觞以自酌”，可观“青山恣倾倒”，可弹“瑶琴鸣熏风”，可闻“鹃声松上啼”。我们陶醉在这美好的椅上，吸吮着它散发的独特魅力；那是我们生理的本能在蠢蠢欲动，亦是我们精神追求美的不由自主。

明式椅，不独是明代的椅子，清代乃至现代，凡具有明代座椅柔婉、简洁风格的椅子，都可以被纳入明式椅的范畴当中。这种座椅具有较为独特的审美意境，可以说是“线的艺术”。它的椅圈、搭脑、椅腿、横枨等是线条，那木的纹理，那装饰的线脚，也是线条；就连那背板、座面的轮廓，同样是这线性艺术中的一部分。在这线与线之间，既有虚空的留白，亦有实木的留白。于是，不仅仅留白与线条之间，呈现了虚与实的美妙，那空气流动处与素朴的板面，亦呈现着留白的虚与实。

这两种层面上的虚实相伴，不仅使明式椅形成了视觉上的层次感；同时，虚与实之间的远近亲疏，亦形成了时而短促、时而宽厚的韵律美。如那座面下优雅的壶门，从椅腿两侧出发的弧线在座椅的中央相遇、交锋、汇合，那V形的尖角，好似诗中那“才露尖尖角”的小荷，那尖角下的空白宛若虚空的水面，清平无波。又如那小巧的榫卯结构霸王枨，上托面板，下接腿足，本身为一个木构件。但从家具的四面望去，其优雅S形的弧线与面板及腿足，共同围出一片扇形区的留白，倒有那“日暮天无云，春风扇微和”的画境。

这种融结构巧与形态美于一身的设计，处处透露着中国传统哲学中的虚实相生、以虚带实、以实显虚的玄机奥秘；这种气质非凡的椅，如同中国传统的文人绘画，旨在写意传神，常于留白处最见神韵。宗白华在《美学散步》中说：

> 中国画底的空白在画的整个意境上并不是真空，乃正是宇宙灵气往

来，生命流动之处。

明式椅亦如此。因它稀疏错落的线条，那灵气穿梭其中，狭窄处迟缓、宽敞处流畅；当坐于其上，人体内的热气亦顺着这些艺术化的通道，曲折地流动弥漫，又将散出一条蜿蜒的气脉。

《庄子·则阳》曰：

天地者，形之大者也；阴阳者，气之大者也。

天为阳，地为阴，天地合一是为气。古人认为气无所不在，穿梭在天地万物之中。天有天气，地有地气，万物有生气，人更是有真气、元气、精气。明代名医张景岳曾在其著作《类经》中说道：

夫生化之道，以气为本，大地万物莫不由之。故气在天地之外，则包罗天地，气在天地之内，则运行天地，日月晨辰得以明，雷雨风云得以施，四时万物得以生长收藏，何非气之所为？人之有生，全赖此气。

在古人看来，这气无所不有、无所不在：它令日月光明、星辰齐耀；它令风行雨落、云动雷鸣；它令四季交替、万物生长。宇宙万象因气而生，人也因气而存。气之所动，由于其中有阴与阳；这两种力量形之于万物，则为雌与雄；如同太极图中的黑与白两部分，彼此胶着又彼此分离，彼此分明却又你中有我。这种一气二分的观念深刻地烙印在古人的衣食住行当中：如古人称天上的彩虹为蜺虹，其中雄者为虹，雌者为蜺；而传说中的凤凰，亦是雄凤、雌凰的合称。虚实、榫卯，都是阴阳的象征。这种古老观念，启发了中国传统的中医学；在中医学已相对成熟的明代，人们更是将其中的养生之道“附会”到了明式椅的设计当中。

座椅与人体的接触，似乎浮于表皮；但实际上，“坐”也可以成为一种享受，可如按摩一般：虽手触于皮肤之上，但却令人的身体有一种妙不可言的轻松感。这当中的玄机便在于经络。

经络，是中医学中十分重要的理论基础。据《灵枢·海论》中曰：“夫十二经脉者，内属于府藏，外络于肢节。”在古人眼中，经络如同人体内的阡陌纵横，外可达四肢百骸，内可通五脏六腑。据《灵枢·邪气藏府病形》记载：“十二经脉，三百六十五络。”在这贯穿体内的十二条经络上，又有约三百六十五个穴位。他们的作用如《灵枢·本藏》中所说：

“经脉者，所以行血气而营阴阳，濡筋骨，利关节者也。”人体内的经络，是气血流通的渠道；气血在体内畅通无阻，体内阴阳就得到滋养。因此，从中医的角度看来，经络贯通，气血顺畅，人便可获得健康。明式椅的造型，在考虑审美的基础之上，多有敷形于人体脉络图的情况。

明式椅通常可提供人们两种坐姿，一种为“直腰坐”，即不倚靠背板、坐下时只占座面前三分之二的面积，但双脚可垂落于地面的坐姿；一种为“后仰倚靠背坐”，即后背倚靠背板、臀部与双腿占满座面，但双脚将略微离地的坐姿。前面的坐姿相对正式也比较拘束，并未用到椅子的全部功能；而后面的坐姿则相对休闲，且使用者可以将双手搭于扶手上，更能体现椅子所包含的“倚”的舒适特性。

以明式的圈椅为例，它的座面宽度通常在45厘米以上，座高通常在52厘米左右，座面通常为攒框结构，面心承重部分略低于边抹。如果采取前一种坐姿，人与座面的接触面为臀部以及大腿部分区域。这一部分，恰好是足太阳膀胱经经过的途径。在受力最集中的臀部及大腿根部，座面可直接触及“环中”“秩边”“扶承”三穴。其中，受座椅边沿压力较大的“扶承穴”，是膀胱一经中地位比较特殊的一个；体内气血经膀胱经一路下行至此穴，并在此穴大量蒸发气化，它如同一个关卡，故古人又将此穴称为“阴关”。根据晋代医学家皇甫谧所著的《针灸甲乙经》记载：“阴胞有寒，小便不利，承扶主之。”[6]

在采取第二种坐姿时，圈椅最引以为傲的C形椅圈及造型优雅的背板将各显身手，化身为微妙的“爱抚”。明代明式圈椅的背板，通常呈柔缓的S形弧面，当使用者将后背贴合背板时，可感到座椅背板的弧度与脊柱弧度几乎全部吻合，十分舒适。由于坐于椅子上时身体处于放松状态，全身肌肉比较松弛，脊柱上方、表皮之下的督脉，可以与背板较为亲密地接触在一起。在《难经集注·奇经八脉第三》中，三国时期吴人吕光称“督脉者，阳脉之海也”，唐代医家杨玄操进一步说“（督脉）是人阳脉之都纲”。可见，督脉作为奇经八脉之一，总督一身的阳经，在人体之中具有十分重要的地位。

当然，明式座椅不仅弧度绝妙，它的宽度也隐含着“导气养性”的特

[6] 所据底本不同，又作“大便直出，扶承主之”。

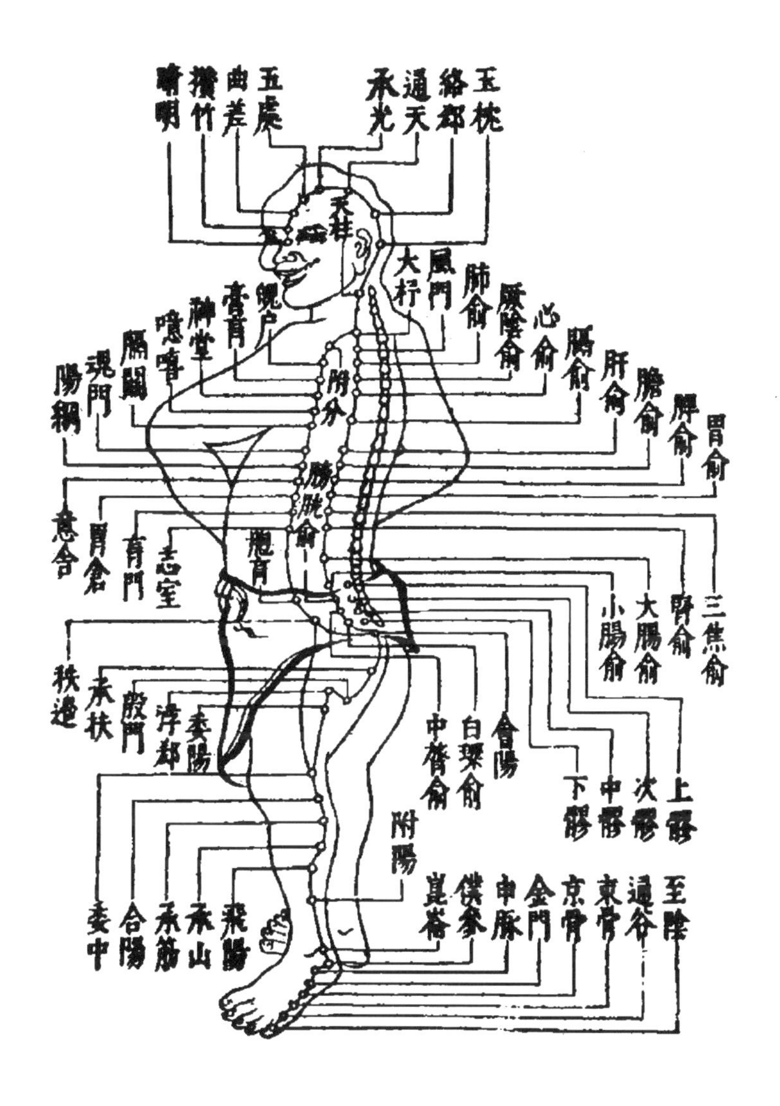

图97

明 张介宾《类经图翼》中附类经附翼之足太阳膀胱经图

点。经对目前已发现的古人尸骨进行比对，考古人员认为古人的身材尺度与今人差异并不大[7]。而根据中华人民共和国国家标准GB10000-1988中国成年人人体尺寸，男性胸宽大多在307-331毫米的区间内，女性胸宽多在289-319毫米的区间内[8]。而明式圈椅背板的宽度多在130—200毫米的区间，背板的宽度恰好与通过人体肩胛骨内侧足太阳膀胱经的宽度相仿。足太阳膀胱经是中医学中最长的一条经络，位于这条膀胱经络上的穴位更是多有平心安神、明目健脾之用（图97）。明式圈椅S形的椅背，敷形督脉之柔曲起伏、囊括足太阳膀胱经之脉络，实在可谓处处有机关、道道猜

[7] 见曾时新《杏林拾翠·古今身高小考》，页99–101，广东科技出版社，1983年。

[8] 详见《中国成年人人体尺寸（GB/T 10000–1988）》。

不尽。

在靠稳椅背后，人们很自然地趋向于将双臂闲搭在C形椅圈上，C形椅圈的上表面又会接触到人体手臂的内侧。在手臂的这一侧，有手少阴心经及手厥阴心包经两条经络，其中手少阴心经的受力更多。《黄帝内经·灵枢》中曰："心手少阴之脉，起于心中，出属心系下膈，络小肠。"今天的临床试验表明，以按摩针灸等方式刺激此经络上的神门穴，在一定程度上可以增强记忆、促进睡眠、降低血压；此外，时常触及此经络上的其他穴位，亦可收获一定的保心养生之效。

明式椅出现的时代，并没有现代解剖学的理论支撑。但通过中医经络理论的指导，以及工匠们对于座椅体验的感受，令这几百年前的明式椅依旧宝刀不老，竟可跨越时光，接受今天的医学及人体工程学的苛刻检验。在今天，腰椎疾病成为困扰人们健康的一大难题，工业设计师们，也在想方设法通过自己的智慧与创造，帮助人们预防疾病、缓解疾病带来的痛苦。然而，早在明代的座椅中，人们就已经给出了巧妙的答案。上述一段已曾提及，明代制造座椅，多将背板制成S形弧面，这样的设计可巧妙贴合人体脊柱的起伏变化。在众多腰椎疾病中，腰间盘突出以第4、5、6节突出最为常见。而明式椅S形背板的弧度，恰好地贴合人体脊椎的这一部分；那略微拱起的凸面，恰好支撑着第4、5节腰椎，可以起到良好的预防作用。当然，那背板的宽度，同样巧妙，它既覆盖了肩胛骨内侧的足太阳膀胱经；同时，也恰到好处地错过了肩胛骨的位置。即使是苗条纤瘦的人靠在椅背上，肩胛骨突起部位也不会有硌痛的感觉。可见，明式椅的巧妙设计，虽非有意、实则内化了人体工程学理论的内涵；如此结构合理又简洁优雅的座椅，即使在今天人们的家中，也并不多见。

虽然，清代以及近当代人，依旧乐于改良创新"明式椅"，但却常常只是汲取了它线与留白的审美意趣，而往往忽略了其中暗藏的科学内涵。如明代椅的座面虽然宽大，却不令使用者感到空荡；不惜开料的清代工匠，将明式椅的座面变得更为宽大，虽然有着十足的气派，但坐在上面四处多有富余，并不十分贴合。又如那看似普通的背板，在明代工匠的手下，不论官帽椅、靠背椅还是圈椅，多数都安装S形弧面的背板；而清人与今人模仿明式风格的座椅时，却常将背板简化为直面或C形弧面，这种没有起伏变化的背板，其舒适及养生的特性遭到了弱化。因敷形人体脉络，明式椅阴错阳差地“预见”了现当代的设计理念；它那朴而不俗、直而不拙的线形美，展现的却是最为实用的艺术。

面对明式椅诸多玄妙的设计，我们或许可以认为，它们都是古人智慧博大精深的关怀。那峭然孤出的搭脑上，那丰盈圆润的椅圈中，那千姿百态的横枨间，那莞尔一笑的壸门沿，从它们的留白中穿梭跃动而来的，是明式椅独有的韵律美；在这律动之间，幽幽回荡着古人绝巧的心灵。可以说，明式椅是明代哲学、美学、绘画、中医、营造等的智慧结晶；对于它的大美，我们无须夸赞——自有回响。

二、文人与园林

中国人所崇尚之美，往往于纯粹当中，又具天地万象；就如那宇宙初开之混沌，既似无他，其实无所不有。中国古典园林，亦由美而成；既需有儒家中正无邪之德，亦要有道家返璞归真之意。这种集天道与人文于一身的园林艺术，与那环绕着文人的家具，有着异曲同工之妙。那遍布山间湖畔的一桌一凳、一案一墩，都是古典园林这部宏大乐章中的点点节拍；它们点化岁月、妆点朝夕、玲珑雀跃、逸兴遄飞。

1. 曲尽异象而修心——园林艺术

琴瑟和悦鸟低徊，高山仰止水近前；

一曲木石相思引，一遭春苑了俗缘。

或骋目山水间，或格竹以解物，总之，那冥冥之中的自然之灵，都可通往文人的心窍。那“千山鸟飞绝”，那“两岸猿声啼”，似乎不全是自然之灵空旷的回音，倒更似诗人心声的绝响。于是，天若有情天亦老，有情的永远不是那天玄地黄，而是文人心中饱含情感的顽石与仙草、落花与流水、关山与晓月……

中国古典园林之祖，上可追溯到传说中虚渺的“轩辕之台”（《山海经·大荒西京》）、“共工之台”（《山海经·大荒北经》），或甲骨卜辞中朦胧隐昧的“龙囿”（罗振玉：《殷墟书契》）、“圃渔”（罗振玉：《殷墟书契后编》），以及司马迁在《史记·殷本纪》中提及的商纣王“沙丘”。然而，时代久远，那当时的繁盛与喧嚣俱已化为尘土。古人留下的只字片语，宛若猜谜，令今人咀嚼思忖，只道那时的台榭园囿，与今人观赏游乐的园林不同，而是更似集祭祀、观象、军事等多重功用于一体的场所。

西汉时期，中华大地一片宏丽壮大；司马相如一曲《上林赋》，令这时期的巨丽园林上林苑震撼千载。真可谓：

八川之水远道而来，崇山巨木参差林立，

金屋玉馆鳞次栉比，祥禽瑞兽翩幡腾跃。

在千古一帝汉武帝的麾动下，上林苑不仅饱享天之垂丽、地之焕绮，亦被工匠们掺入了十分人文之精理秀气。然而，如此辉煌宏大的皇家园林，并非仅为皇帝游乐赏玩而设。据《西京杂记》记载：

武帝作昆明池。欲伐昆吾夷。教习水战。因而于上游戏养鱼。鱼给诸陵庙祭祀，余付长安市卖之。

昆明池是上林苑中的一处大型人工湖泊，开发它的初衷，只为训练士兵以备水战，而在实际使用时，却也不循着旧道理，反而既被武帝用来养鱼逗趣，亦被昭帝用来蓄鱼，以供应祭祀陵寝及长安市场贩卖，着实是“园尽其能、物及其用”了。

“天长地久有时尽”，那远赴蓬莱的金童玉女，终究没能令武帝如愿以偿；那独尊一家的正统儒术，亦未能保刘氏家族世代荣华。随着东汉末期的党锢之祸，文人入世之心亦被黑暗的政治所摧毁。如那著名的天文学家张衡在他的《归田赋》中叹息道：

谅天道之微昧，追渔父以同嬉；

超埃尘以遐逝，与世事乎长辞。

久困京都仕途的张衡，深感“临河而羡鱼，不如归家织网”，在这个幽昧以险隘的时代，纵诗人有佐国之心，上不察下亦令人无可奈何——索性，离开吧！随“避世隐身、钓鱼江滨”的渔父回归川河，就这样远离尘嚣、遁迹凡尘亦好。于是，随着东汉灭亡、魏晋兴起，袭面而来的是飘逸之气，是隐逸之风，是一个截然不同的时代。在这一时期，文人不再热衷为皇家园林歌功颂德，那昔日围绕着皇帝身边的文人集团亦各自散去。相反，私家园林与田居成为文人们“复得返自然”的归宿，隐匿月下山前成为文人远难避祸的选择。于是，这些回归自然怀抱的文人们，隔三岔五，便三五成群；搬一张胡床，或携一榻；聚一顿粗饭浊酒，过一宿论诗谈画。这种拙朴纯真的情致，是文人、园林艺术以及田园生活的结合，是文人雅集与游园的开始。在魏晋时期的史料中，能够看到许多文人郊游雅会的小故事。他们时而据胡床，时而列筵席，时而又坐床榻……总之，都是一样的任诞而潇洒。

庾亮，是明穆皇后之兄，然而，虽贵为外戚，却乐于与众人谈老庄、议玄学。《晋书·庾亮传》中曾记载：

亮在武昌，诸佐吏殷浩之徒，乘秋夜往共登南楼，俄而不觉亮至，诸人将起避之。亮徐曰："诸君少住，老子于此处兴复不浅。"便据胡床与浩等谈咏竟坐。

一日，殷浩与众臣僚乘兴登高，未预料庾亮亦至此。众臣本欲循礼而避尊，庾亮却缓缓地说："老夫今日兴致不浅，请众位留步。"于是，竟打开胡床，与殷浩等人谈笑风生。作为西汉留侯张良十六世孙、唐朝名相张九龄十四世祖的西晋文学家张华，同样乐于与众文人骚客"乐哉苑中游，周览无穷已"。人生得意、兴得逸迈时，亦尝赋诗云：

朱幕云覆，列坐文茵。

羽觞波腾，品物备珍。

管弦繁会，变用奏新。

（晋张华《太康六年三月三日后园会诗》其三）

在那悠扬的丝竹管弦之声中，群士依次坐在精美的茵席上；肴馔琼浆飘香，诗词歌赋不绝。

魏晋时期最为著名的一次游园雅会，当属公元353年上巳之日由时任会稽内史、右军将军的王羲之发起的"兰亭雅集"。参与这次"会稽山阴修禊之事"的，有王右军世交好友谢安、以文采著称的孙绰，以及狂诞不羁的孙统等，共计41位文人。此会集一时之名流，众人列坐曲水之畔，行流觞之戏，轮流吟咏，凡不成诗者，均被罚酒三杯。在此次雅游过程中，王羲之借酒劲力，留下了流芳千载的《兰亭集序》；帖内28行320余字，无不遒逸纵横，若得神助。正所谓"游目骋怀，足以极视听之娱，信可乐也"。

这种“坦率行己”“放浪形骸”之高致任诞，令其后千年的文人雅士无不举目向往这一日的良辰佳会。

仅有明一代，便有文徵明《兰亭修禊图》、钱贡《兰亭诗序图》、沈时《兰亭修禊图》、许光祚《兰亭图并书序》等画作表现这一盛会。在明代画师的妙笔下，这些古人或独卧草蒲团于茂林修竹中，或二三人并坐联席于劲松洞石下，抑或就地凭几而歇；活灵活现的画面上，尽是狂放潇洒之态。

羁鸟恋旧林，池鱼思故渊。

开荒南野际，守拙归园田。

（东晋陶渊明《归园田居》其一）

离开令人疲惫的仕途，陶渊明回到了自己的田园。这里虽只有“方宅十余亩，草屋八九间”，但“榆柳荫后檐，桃李罗堂前”，亦是生趣盎然。在这个苦中有乐的田园里，已是无官一身轻的陶渊明，或赏月、或采菊、或饮酒、或会友；时而鼙鼓轩舞、时而弹琴咏诗；静时可超然物外、动时亦俯仰优游。在这个不受世俗之扰的桃源，“故人赏我趣，挈壶相与至，班荆坐松下，数斟已复醉”（东晋陶渊明《饮酒二十首并序》其一十四），有朋自远方来，共同谈心树下、共赏奇文，正是魏晋文人归隐生活的“谈笑有鸿儒”，“日入相与归，壶浆劳近邻。长吟掩柴门，聊为陇亩民”，淳厚朴实的街坊四邻已经成为朋友，大家一起日出而作、日落而息，亦十分快活。

这一时期的文人纵情山水，除常常携带那新异的胡床与易于收放的茵席外，亦好用那自明高格的榻与禅椅。尤其在那岩壑白云下、绿水芳草间，榻令人格外清远，禅椅也令人格外玄静。南北朝的刘瑗曾云：

移榻坐庭阴，初弦时复临。

侍儿能劝酒，贵客解弹琴。

柏叶生鬟内，桃花出髻心。

月光移数尺，方知夜已深。

（南北朝刘瑗《在县中庭看月诗》）

那坐下之榻，侍儿手捧之酒，贵客指上之琴，既是高雅诗境中的古

图98
五代 周文矩《琉璃堂人物图》
美国大都会艺术博物馆藏

意，亦是诗人心中的静谧。在相传五代周文矩所绘的《琉璃堂人物图》（图98）中，见证了一段唐代文人雅会吟诗的佳话。据说参与这次唱和的有“诗家夫子”王昌龄，与之齐名的边塞诗人高适，以及“诗仙”李白等诗人。在画面右侧一张宽大的石案旁，三位诗人正各坐在一铺有兽皮的瘦石上谈笑自若；一位僧人在其间静坐聆听，他独享一张古朴的禅椅，显得更加清通淡远，似与他人隔一层，却令画面之境显得十分融洽。

风景，是“风光景色”的简称。而其中“风光”一词的原意，大抵如李周翰注释《文选·谢朓·和徐都曹》的解释：“风本无光，草上有光色，风吹动之，如风之有光也。”可见，美丽的景致，要有动亦有静，要在光下亦携影。而随着文辞字句悄悄地衍化，不知从谁人开始，这“风光”之词意，便与今日相同了。

唐代诗人白居易那首脍炙人口的《忆江南》中，便有“江南好，风景旧曾谙”一句；其中的“风景”，便指苏杭的好山好水、如画天地了。风，是中国文化中十分重要的文化符号，上有《庄子·齐物论》中的“大块噫气，其名为风”，下亦有寄寓于在宋元明清园林中的“风”之意象。“舞低杨柳楼心月，歌尽桃花扇底风”是北宋词人晏几道的名句。那扇底之流风，皆有香脂缭绕之靡靡余音。《易经·系辞》曰:

> 形而上者谓之道，形而下者谓之器，化而裁之谓之变；推而行之谓之通。

扇，如形而下之器，风，则似形而上之道；人挥扇而左右动，风亦随之东西流；风若飒飒穿过，扇亦不免要翩跹起舞。在宋明的园林景观中，多有以风命名者，如黄庭坚笔下位于湖北鄂州之西、西山灵泉寺附近的“松风阁”，相传孙权曾经在此讲文修武；而园内的建筑，则多取扇之形，如在苏州拙政园与北海琼岛上，均设有扇面亭。

以风为名、以扇象形，其中蕴含的便是儒家思想的道器之辨。儒家经典《诗经·周南·关雎序》中曾云：“上以风化下，下以风刺上。”这具有沟通上下的风，正是国君体察民情以正其政的方式。而作为以修身齐家治天下为己任的文人，自然要在设计园林之时，贯穿这种自律。风难以绘形，于是，那作为风之载体的扇，自然要承担着警醒克制的义务。

自宋代起，私家园林的建造达到了前所未有的兴盛。那幽静而精巧的园景，处处透着文人们的审美。明人文震亨曾在《长物志》中说道：

> 石令人古，水令人远。园林水石，最不可无……一峰则太华千寻，一勺则江湖万里。

“山不在高”“水不在深”，山水却都是园林中不可或缺之物。看似无心散掷的洞石，恰可衬托文人之古；那平波无漪的湖水，是文人内心的清远。在这精致幽静的园林里，文人们既可安于仕途、钻营孔孟之道，又可足不出户，便获悠游法外的豁达。

在北宋元丰年初，以苏东坡为文坛盟主的一次文人游园活动，成就了历史上著名的《西园雅集》。在这次聚会上，自东坡而下，共有16位雅士赴园，悉“一时钜公伟人”。相传集会之后，李公麟为此作《西园雅集图》，米芾为之题记，然而令人遗憾的是，李公麟此幅画作今已不复存在，唯有题记尚存。题记的末尾，米芾慨然：

> 水石潺湲，风竹相吞，炉烟方袅，草木自馨，人间清旷之乐，不过于此。

一生追求“自性”与“体悟”的宋代雅士，在此山水之间，悠游而忘我，得老庄物我合一之妙，的确最富清旷之乐，也最得先贤之古意。今天，通过南宋画家马远所绘的《西园雅集图》，我们依稀还能窥见当年雅会的格调与风尚。画中洞石叠错，溪水婵娟，有小桥牵岸，有怪桧盘根。在位于中间的人群中，东坡捉笔而书，笔下的卷轴平铺在长桌之上，一侧微卷落在桌沿之下。围观之人，或坐方凳于近处端详，或侧立桌旁探首凝望。人人皆有清俊旷远之气，风度却各不相同。

明代的文人对于生活有着更为细腻敏感的需求，园林并非在他们生活之外，而是已融入生活当中。陈继儒在其《岩栖幽事》中提出了“十七令”：

香令人幽，酒令人远，石令人隽，琴令人寂，茶令人爽，竹令人冷，月令人孤，棋令人闲，杖令人轻，水令人空，雪令人旷，剑令人悲，蒲团令人枯，美人令人怜，僧令人淡，花令人韵，金石彝鼎令人古。

那“赏心悦事”的，自当是如此这般私家小院。在吮吸朝露、挥袖晚霞的漫长岁月里，文人们不仅要与琴棋书画为伴，亦需水石花竹相映、蒲团古玩相称、美人客僧相约。唯如此，时光荏苒，亦可“调素琴、阅金经”（唐刘禹锡《陋室铭》），“永日不知倦”（唐王琚《奉答燕公》）。在那循规蹈矩的细碎人生里，方有涓涓不尽之情。

在明代杜堇所绘的《古贤诗意图》卷中，作者将他心中的“风流人物”具载纸上。尽管画中之人是那简傲清逸的王羲之，是那壮浪纵恣的李白，是那愁苦忧国的杜甫……但因那身后的静山幽水、瘦柏凌竹，那些百年甚至千年以前的古人，却也多了几分明代士人的风采。在“右军笼鹅”（图99）中，王羲之侧身坐在灯挂椅上，倚着石案，回首看向身后的侍童，颇为闲适。那侍童手中提着一只大笼，鹅栖其中。相传王羲之爱鹅，曾以其墨宝，为道士书经，换得群鹅而归，“甚以为乐”。王羲之摹走鹅而作书法，多有明初王履在《华山图序》中所说的“吾师心，心师目，目师华山”之意。在王羲之身旁的石几上，还放着笔墨。当观者看得入神时，仿佛都能嗅到那未尽全干的徽墨余香。

在“把酒问月”（图100）中，树影与洞石交相掩映。那“天子呼来不上船，自称臣是酒中仙”的李白正透过树枝，把酒问月。在他面前，是酒酣过后的残羹剩饭。侍童静立于其身侧。李白身下髹黑漆的纤瘦交椅，与那辅以夹头榫的素雅桌案，是看过岁月沧桑的了悟，是走过蹉跎岁月的沉重。那目光尽头的山川，是“今人不见古时月，今月曾经照古人”的感慨；那喉中滑过的琼浆，略尽了仗剑走天涯之人的意气风发——“唯愿当歌对酒时，月光长照金樽里”。

“东山宴饮”（图101）是画家杜堇根据诗圣杜甫《冬末以事之东都，湖城东遇孟云卿，复归刘颢》一诗会意而作。在画面中，峭石叠立、古柏挺拔，它们共同象征着东山之峦。在苍叶之下，是明代园林造景中常见的石案，古朴而顽憨。杜甫坐在石案一侧的木凳上，侧着头，召唤侍童斟酒。在他的对面，两位挚友恰对举清尊，情意正浓。此时正值安史之乱，在座的诸位深知“人生会合不可常”，一别可能无再会。于是，画笔在礁岩的尽头水涯边，无意泄露了的一只船头；相聚亦它别亦它，着实令人不尽悲戚。

江南的文人，最好简雅古趣。而沾染了江南文人气质的苏州园林，亦可谓园林艺术的经典。明代画家杜琼为苏州府吴县人，即今天江苏省苏州市南城吴中区人。他在作品中，时常描绘明代苏州文人雅园之中的古朴景致。在一幅名为《友松图》（图102）的画卷中，画家以细腻的笔触描绘了自己那可爱的“东原斋”。画面中，小院由竹篱围绕而成。无论是院内还是院外，皆冉冉生起着袅袅的生活气息。院外有崇山，崇山脚下有石门；依山是湖石垂柳，山阴下是放有盆景的大石案；在山与石案中间的棋桌周围，是散落着的石墩和闲游的雅士，其中亦不乏饶有兴味之人，搬着书几置于其中颐养性情。在主人的院内，是房屋几间，杜琼正与姊丈魏本成闲坐于中堂，谈笑风生。那厅堂视野辽阔，近视可见门前之苍松，远瞩亦可

图99
明 杜堇《古贤诗意图》之“右军笼鹅”
故宫博物院藏

图100
明 杜堇《古贤诗意图》之“把酒问月”
故宫博物院藏

图101
明 杜堇《古贤诗意图》之“东山宴饮”
故宫博物院藏

望院外之兰岩；仰观是万里无云，俯察有兰芷慧芳。目之所及，均有足致可入诗，可作画。不怪乎杜琼昔日独坐院内，亦要即兴吟咏，他在《春日闲居述怀》诗中云：

红尘道上马纷纷，延绿亭中杳不闻。

日转长林移树影，雨余芳径长苔纹。

春与秋其代序，园中之景静变，令人心动魂牵。清代，是私家园林最后的黄金时代。岭南园林、北方园林、江南园林，以各不相同的风格，形成了清代私家园林的三足鼎立之势。其中以东莞可园、南村余荫山房为经典的岭南园林，广厦邃房，连屋重户，在风格上受西洋影响较多，经中西文化的碰撞与融合，形成了不拘一格富于变化的绚丽之美。北方园林多受皇家宫廷文化影响，整体风格端庄雄健，以山造势点缀以水，较少创变，

图102
明 杜琼《友松图》
故宫博物院藏

更符合中国传统文化中的敦厚之美。江南一带的私家园林，是三者中文人气息最浓的一处。以苏州网师园、无锡寄畅园为代表，江南的园林最有文人情怀：以碧水为魂，叠石种树，在粉墙上巧设空洞、漏窗、空窗，多用梅兰竹菊等富有文化内涵的景物营造气氛。身在此园中，所得不只万籁之巧色，更是人文之雅趣。

沧浪亭，是苏州的四大园林之一。其名源自屈原《渔父》一诗：

沧浪之水清兮，可以濯吾缨；

沧浪之水浊兮，可以濯吾足。

北宋时期，沧浪亭因苏舜钦与梅尧臣的一段酬唱佳话而名播千里。而在此后几百年的岁月里，它几经易主，屡遭战火，人们不断修缮重建。今天我们看到的许多景观已非昔日原貌，但蜿蜒的流水，婉转的复廊，依旧有那曲径通幽处的静谧与惬意；那雅轩香馆中色调深沉的清代桌案椅凳，那瑶华境界中典雅的高几插屏，都令人不禁陷入美的沉思，回味那清代文人浪漫的生活情趣。

在《红楼梦》第十七回“大观园试才题对额荣国府归省庆元宵”中，作者曹雪芹曾着意在一处园景仔细下笔：

（贾政携众人）出亭过池，一山一石，一花一木，莫不着意观览。忽抬头看见前面一带粉垣，里面数楹修舍，有千百竿翠竹遮映。众人都道：“好个所在！”于是大家进入，只见入门便是曲折游廊，阶下石子漫成甬路。上面小小两三间房舍，一明两暗，里面都是合着地步打就的床几椅案。从里间房内又得一小门，出去则是后院，有大株梨花兼着芭蕉。又有两间小小退步。后院墙下忽开一隙，得泉一派，开沟仅尺许，灌入墙内，绕阶缘屋至前院，盘旋竹下而出。

这里别具的幽静与清雅，与大观园内其他奢华繁复的景致形成了鲜明的对比。“凤尾森森，龙吟细细”的竹林，闻声好似潇湘妃子垂泪，却是那屋斋主人宛若涓溪的含情脉脉。青翠欲滴的修竹，玲珑小巧的房舍，婉转蜿蜒的游廊，哪怕是这里的一窗一门、一石一阶，都不免使贾政心有向往。他内心深处的“诗酒放诞”亦被触动：“若能月夜坐此窗下读书，不枉虚生一世。”这里便是后来林黛玉居住的潇湘馆。

当然，对于清代大多数好清简、喜素静的文人来说，园不在大，有雅兴之人即可。名列扬州八怪的清代画家郑板桥在《石竹图》的题画诗中，曾说：

茅屋一间，天井一方，修竹数竿，小石一块，便尔成局。亦复可以烹茶，可以留客也。月中有清影，夜中有风声，只要闲心消受。

在这小园里，一方蓝天下，是一屋幽静；那随意的劲竹与玲珑的小石，都是散落的天然野趣。守着这疏朗而素朴的小园，烹茶会友，郑板桥自能知足而常乐。月光映衬下的广寒宫，是举首千里可共的婵娟；那半夜回转的徐风，拂面而过留下了多少乐趣。这简约而不简单、简单而不单调的小我天地，是园主人玄远虚静的内心世界，是明代文人自诩如兰香如竹直的情操。

在清代画家徐扬的《山庄清话图》（图103）中，青山斜阳，云岚缭绕，盘根错节的苍松郁树耸立山间。水上的板桥曲折通幽，尽头是那参差的篱笆墙。篱笆墙内是庐舍几间，屋内置桌案几件、架格一溜儿，小园的主人正与友人清谈。这里，是山间最富意趣之处，有着听不尽的鸟鸣猿啼、流水潺潺；这里是天地间最富人情之地，文人用适意与清雅熏陶着山间的一花一木，而那看似无情的叠岩青雾，亦成就了文人幽敛简净的笔锋。

风格万千的园林，呈现了文人细腻的内心世界，同时也倒映出了他们对天然意趣的向往。在关于中国文人的历史当中，园林之美，给予他们的

远不止那碧波万顷、翠峦万丈：那默默无闻的山水草木，总能抚平文人内心的焦虑与不安；那陋室与草堂虽然简朴，却能带给他们最真挚的宁静与平和。轻步在云间，柳堤旁、山阴下，可以弹琴鸣笛，可以赏月对弈；闲居在茅舍，卧榻上、伏案边，可以挥翰泼墨，可以通阅古今。受儒家“学而优则仕”等思想的影响，读书人早年多劳途奔波于仕途当中，但如陶渊明三入三出，归隐的田园生活始终是文人心中抹不去的愿景。那天地间万籁的回响，那吹彻古今的清风，无不牵系文人的隐逸之魂；那年年相似之花，那照遍古人之月，都会成为今人与古人的对话——只缘身在此山中，云深不知处。

图103
清 徐扬《山庄清话图》
故宫博物院藏

2．闲情偶寄鲁班经——文人参与设计

道，是中国思想史上的基本问题。古人的所秉所依、所作所为，可谓无所不“道”。这虚无缥缈之道，令天地万物如其所然，却又纯任自然。它令人终其一生都在追求解悟，而人却自始至终未曾偏离于道。那天边的浮云是道，那水中的游鱼是道，那满目青山是道，那紫陌尘寰亦是道；棋中有道、画中有道、茶中有道、书中有道——一桌一椅皆有道。

家具之道，在材、在形、在韵味、在格调。老子《道德经》中说：“人法地，地法天，天法道，道法自然。”古人所遵循的，俱当本于自然：在修身健体时，摩虎、鹿、熊、猿、鸟之形态，作五禽之戏；在构建家具时，亦以花鸟、卷云、流水为形，取瘦石、美木为材。石器时代那粗朴的草席、简陋的土床，都是先民对于“道”的探求。古人行于“道”，先后经历了采摘、狩猎、畜牧、农耕；古人钻营于“道”，发明了榫卯，精湛了雕刻，学会了冶铜，发现了生漆。家具演化的历史，呈现了古人追索“道”的足迹。

竹与草，因其各自鲜明的品质，历来深受文人宠爱。萋萋芳草，任野火也烧不尽；纤纤蒲苇，亦可常韧如丝。它们的不屈不挠感动了情思细腻的文人，文人吟咏它们，绘画它们，甚至要信手即可触及它们。那蒲苇席不加掩饰的粗糙机理，那草蒲团首尾相继的螺旋纹理，都令古代的性情中人欢喜。如唐人欧阳詹《永安寺照上人房》曾云：

> 草席蒲团不扫尘，松间石上似无人。
>
> 群阴欲午钟声动，自煮溪蔬养幻身。

置身天地之间，闻洪钟之声回荡山谷；幽幽松下岩间，四下皆静，唯诗人一人而已。在这里，坐蒲团卧草席，饮溪水食菜蔬，颐养吾身，好不静虚清明。古代爱竹的文人，早有潇洒不羁的竹林七贤，后有落拓风流的苏东坡，近来亦不乏“难得糊涂”的郑板桥。《晋书·王徽之传》中曾记载：

> （王徽之）尝寄居空宅中，便令种竹。或问其故，徽之但啸咏，指竹曰：“何可一日无此君邪！”

当然，古代文人雅士的生活中，竹不仅是那园中之景、屋舍之邻，亦是掌上之简、手中之笔、坐下之具。在汉代以前，古代的典籍皆写在简牍

之上。竹制的简牍，便成为文化传承的载体。此后，随着纸张的出现，古人又发明了以竹纤维为原料的竹纸。既有了“竹纸”，便要有“竹笔”。宋代马永卿在其《懒真子》卷一中说：“古笔多以竹，如今木匠所用木斗竹笔，故其字从竹。”在这种古老的竹笔之下施毫，便成了毛笔。李渔在《闲情偶寄》中引苏东坡“宁可食无肉，不可居无竹”一言，并解颐道：“竹可须臾离乎？竹之可为器也，自楼阁几榻之大，以至笥奁杯箸之微，无一不经采取。”文人对竹的痴爱，大到阁楼几榻，小到盒杯筷子，都要竹制。如同那先秦君子“不去身之玉”，象征着自己的文质彬彬与温厚仁慈。这竹也是文人雅士寝居不可或缺之物，它暗含着文人超凡脱俗的高尚情操。

清水出芙蓉，天然去雕饰。

这是古代文人对美的一种追求。这种本于自然成于天道的大美，常令那一贯恶繁悦简的雅士喜不自胜。尽管宋明时期的家具，已经将简练的艺术风格推向了高峰，然而在锐利的文人眼中，它们依旧留有太多人工雕琢的痕迹。于是，在文人雅兴的推动之下，许多保留着岩石、瘿木、树根等自然原趣的家具应运而生。它们以古朴的造型，直入文人的内心深处；它们以天然的形态，在人与道之间，悄悄开了一扇窗。

瘿木，是一类因外伤或疾病而长有瘿结的树木，并非一个树木品种。由于它的切面或“花细可爱”、或“花大而粗”，所以，历来备受文人珍爱。《说文解字注》引《博物志》道：“山居多瘿，饮水之不流者也。凡楠树树根赘肬甚大，析之，中有山川花木之文，可为器械。”可见，至少在西晋时期，人们已开始用瘿木作为材料了。唐代诗人张籍曾云：“醉倚斑藤杖，闲眠瘿木床。”（《和左司元郎中秋居十首》）借着那拙朴的斑藤与瑰怪的瘿木，诗人闲居的适意与宽舒，跃然纸上。瘿木不仅可做宽大的床，亦可用来制作小巧之物。宋代《酒谱》中有“瘿木杯”，唐宋诗中亦常见有“瘿木樽”，均是手中可把玩之酒器。在明代谢肇淛的《五杂俎》中，提到有“瘿木浴盆”，想来也定是件花纹陆离的美器。

人们将魂归故里、重返家乡视为寻根，而那一棵棵、一片片被伐木成材的树，却只剩下孤零零的老根，静待土中枯朽。直到有一天，古人似是怜悯地将它掘起，却发现它亦气质不凡、格调惊人。迄今为止发现的最早的根雕艺术品，来自湖北荆州江陵马山一号楚墓出土的根雕辟邪。这件辟邪虎头龙身，随着根须的生长方向，工匠又在下方琢磨出四条腿，腿足之上还能看到蛇、蛙、蝉、雀等动物造型，十分有趣。由于整件辟邪皆因形造势、顺势而为，所以显得十分生动活泼。

今天我们见到的古代根雕家具，大多来自古人的画作。如在周文矩《琉璃堂人物图》、明人戴进《达摩六代祖师像》中，皆出现了根雕禅椅。在清人冷枚的《春闺倦读图》中，亦有根雕香几。这种根雕制成的家具，拙朴而意趣天成，常能令画面别有余味。在元代王振鹏所绘的《伯牙鼓琴图》（图104）中，伯牙正低眉弹奏着膝上的七弦琴，而坐在其右侧正陶醉其中的，正是他的知音钟子期。他们二人均坐在巨石之上，尤为沉静。在伯牙的身旁，一只博山炉置于高高的香几之上。这只香几的腿如古树的枯根盘错，风格古朴，别有古意，恰与那仙风道骨的伯牙一起，吹来隐逸之气。

在清代画家改琦的《元机诗意图》（图105）中，唐代女诗人鱼玄机倚在一张由根须盘错而成的扶手椅上，气质格外秀雅清淡。在她的双靥上挂着两弯似蹙非蹙笼烟眉，袅娜的身形好似弱柳扶风，真是美如洛神、貌比西子。她身下粗犷古拙的树根，却令这纤柔之态、娇花之色不知不觉染上了沧桑的滋味。

明末清初画家陈洪绶最喜以根雕作画中意象。在其《晞发图》轴中，一位高士正垂散发髯，面目神情仿佛深不可测，他右手似施无畏印，象征无所畏惧、摒除痛苦。他身后所倚靠的，是一件古朴的槎形凭几。槎，其本意为树的枝桠，后在传说中又为通往牵牛织女星的木舟。《博物志》云：

> 旧说云天河与海通。近世有人居海渚者，年年八月有浮槎去来，不失期，人有奇志，立飞阁于查上，多赍粮，乘槎而去。十余日中，犹观星月日辰，自后茫茫忽忽，亦不觉昼夜。去十余日，奄至一处，有城郭状，屋舍甚严。遥望宫中多织妇，见一丈夫牵牛渚次饮之。牵牛人乃惊问曰："何由至此？"此人具说来意，并问此是何处，答曰："君还至

图104
元 王振鹏《伯牙鼓琴图》
故宫博物院藏

图105
清 改琦《元机诗意图》(局部)
故宫博物院藏

蜀郡访严君平则知之。”竟不上岸，因还如期。后至蜀，问君平，曰：“某年月日有客星犯牵牛宿。”计年月，正是此人到天河时也。[9]

可见，在古代传说中，每年八月都有往来于天河与大海的“浮槎”。这位“居海者”便是在不经意中，登上了这艘大船，见到了牛郎织女。如此美妙的故事，自是令人心神向往，于是，这流云槎也寄托了与仙人相遇的夙愿，成为高人雅士身边之物。

故宫藏明正德年间的天然木流云槎（图106），由天然榆木的根修整而成。其形如流云，变化多端，那根雕的特立独行之美，正可谓“意态由来画不成”。在这件槎上，有明代文学家兼书论家赵宧光题字“流云”二字，更有明代画家董其昌、陈继儒的题记。其中董其昌铭文曰：“散木无文章，直木忌先伐。连蜷而离奇，仙奇与舟筏。”陈继儒题：“搜土骨，剔松皮。九苞九地，藏将翱将。翔书云乡，瑞星化木告吉祥。”可见，此槎虽质木无文，却是土中之骨，形奇而别有古意。它好像传说中那只可溯天河的舟筏，可通仙境；又仿佛那涅槃飞来之凤，象征吉祥。

历史上善制木工者，鲁班为其祖。相传他能“削竹木以为鹊，成而飞之，三日不下”。然而由于历史久远，我们已很难考察其人其事的真实性。但传承“鲁班精神”之人，却不在少数。自宋元以来，全国各地多有庙堂供奉鲁班神像、祭祀鲁班。在南宋时期，已有文人涉足于家具设计这一领域。题为黄伯思所作的《燕几图》便是这一时期的代表作。至明代，举世闻名的《鲁班经》横空出世，令传说中的伟人更加岿巍高大起来。

《鲁班经》，全称《新镌京版工师雕斫正式鲁班经匠家镜》，共三卷。其书成于明代，由明代北京提督工部御匠司司正午荣汇编，局匠所把总章严同集，南京递匠司司承周言校正。书中内容涵括了民间房屋建造及家具制作的韵文口诀及图式，可谓是对历朝历代制造经验的汇总。然而其中多阴阳五行及堪舆风水之说，较少雅驯之词、风趣之味，更适合作为工匠的职业用书。随着明代哲学家王艮“百姓日用即道”一语点破，“百姓日用”直入圣人之道。于是，明代的文人也积极参与到了家具的创制当中，不仅在营造工艺上进行探索，同时，也留下了许多更富文化色彩及趣

[9]（晋）张华等撰，王根林等校点：《博物志外七种》，页40，上海古籍出版社，2012年。

图106
明正德 天然木流云槎
故宫博物院藏

味性的著述。从此，文人的闲情，亦可偶寄于营造；窗下的幽记，亦尝涉法式之趣。

明代最富传奇色彩的“木匠”，莫过于明熹宗朱由校。他将文人对世代衰微、人情凉薄的敏感，尽显于双手，尽赋予柔木。据《明史·魏忠贤传》记载：“帝（熹宗）性机巧，好亲斧锯髹漆之事，积岁不倦。”明熹宗与宋徽宗，更像是错置的天赋之才，宋徽宗有生花之妙笔，明熹宗亦有化朽木为神奇之鬼斧。《甲申朝事小纪·天子巧艺》中说：

> 熹庙性好为匠，在宫中每自造房，手操斧锯凿削，引绳度木，运斤成风，施设既竟，即巧匠不能及。又好油漆，凡手用器具，皆自为之。

大到房舍，小到笔砚，熹宗在这榫卯、油彩之中，倾注的不仅是心力，更是血泪。据《明史·孙承宗传》记载，熹宗曾“勤政好学”，“每听承宗讲，辄曰‘心开’”。亦曾“好察边情，时令东厂遣人诣关门，具事状奏报”。据《崇祯宫词注》记载，明熹宗驾崩后，“犹存沉香假山一座，暨灯、屏香几数种”。其弟崇祯皇帝朱由检令人收贮这些遗物时，不由慨然道“亦一时精神之所寄也”，道出了皇帝的无奈与悲戚。或许，那常人眼中昏庸无能的明熹宗，亦如曹雪芹所言之“满纸荒唐言，一把辛酸泪”，他手中精雕细琢的馊空留白，谁知不是满心的疮痍、鲜血淋漓。

自明万历至明崇祯，共有四位皇帝先后执政。然而，在这不足百年的时光，却道尽了民族与国家的困顿。于是，将戚戚之情托于屋舍几榻的文人，不只那深宫中的皇帝一人；在乱世里踉跄前行的文人，亦将种种肺腑深情付诸身边之物，先后出现了文震亨的《长物志》、戈汕的《蝶几谱》、李渔的《闲情偶寄》等作品。那目之所及的床榻几案、樽盏墨砚，似宜兴紫砂壶中漂绿回旋的茶叶，在岁月这涓涓细流中慢慢温热，倾泻为一杯杯令人豁然开朗的禅味。文人嗅着清香、抿着醇芳，将醉意酣畅在纸上——既然生不逢时，便闲书笔墨以自娱吧！

戈汕的《蝶几谱》，是文人参与家具设计的典范。它上承南宋《燕几图》，下启民国时人所作《匡几图》，以七巧板的形式，展现了文人设计的巧妙构思。题名黄伯思的《燕几图》，是目前发现较早的一部关于中国传统组合家具的专著。其中的“燕几”，由七张面为矩形的桌子组成。七张桌子脚高相同，均为“二尺八寸”，宽度也均为“一尺七寸五分”。唯一不同的是长度。据书中介绍，其中“长卓（桌）一样两只”，长七尺，可坐四人；“中卓（桌）一样两只”，长五尺二寸五分，可坐三人；“小卓（桌）一样三只”，长三尺五寸，可坐两人。在使用时，可根据“宾朋多寡，杯盘丰约” 而取舍，“按图设席，类有雅致”。这种离合自如、组合灵活的家具，令墨守规矩的古人耳目一新。

到了明代文人戈汕的手中，组合家具与七巧板相结合，一种更富有趣味性的“蝶几”出现了。据文献记载，戈汕为江苏常熟人，工于书画、擅长诗文、旁通六书、学养深厚。他所发明的“蝶几”，融汇了古人对几何学的探索与应用，其中所蕴藏的几何原理，上可追溯至《周髀算经》和《九章算术》中论及的勾股定理及相关矩形理论。戈汕在序言中说道：“名蝶者，因似诸蝶之翅也。其最小而奇者，须以佐旋转辏理之偶穷也。”蝶几，一套共有十三件，“如四时之一周而置闰也”。《蝶几谱》一书，图文并茂，戈汕对蝶几的制作、使用，给出了清晰的指导（图107）。这种形式玲珑新巧的组合家具，可置于室中“随意增损，聚散咸宜”，闲来“摊琴书而坐”，若亲朋至则改陈其式，使用起来既灵活又便捷。同时，又可将它移于“山构野筑之间，或循嘉树，或逗深竹，或

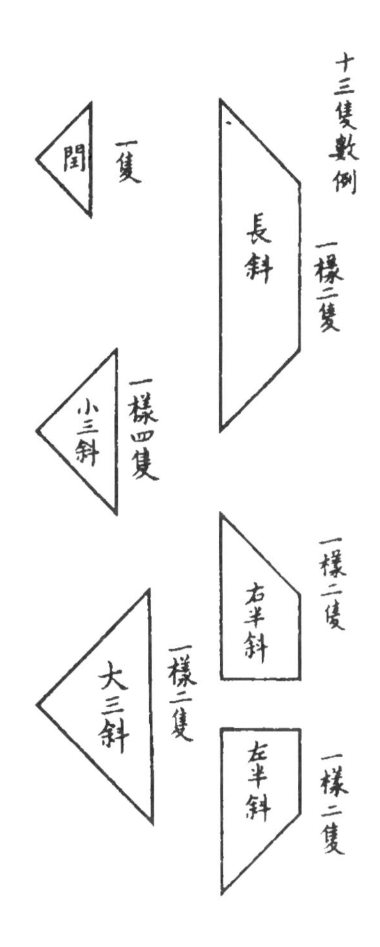

图107
蝶几十三只数例

点缀于浅榭修廊、石滩花径”，以其俏丽之姿，成为锦绣园林的一景。在今天苏州拙政园内，我们可以看到清代工匠们因循《蝶几谱》而改制的组合桌，在绿荫镂影的掩映下，尤为纤丽而清奇。它是文人与家具的相见恨晚，亦是七巧与质木的悠然心会。从此，文人点睛组合家具的设计，不绝如缕，后继不乏“匡几”之类玄奥新颖之式络绎而出。

在明代末年，亲历家国灭亡的李渔，同样投身于这些“身外之物”。他的才情，令他成为名著中西的戏曲艺术家。同时，以今人的眼光来看，李渔也是一位深谙生活之道的美学大师。在《闲情偶寄》中，李渔不仅谈到戏曲服饰、园林树石，亦谈到了几案陈设、器玩饮食等方面，真实地再现了当时社会文人的审美。

在提到“欲置几案”时，李渔认为“有三小物必不可少”：

其一，是抽屉。在李渔看来，不独书案应设有抽屉，“即抚琴观画、供佛延宾之座，俱应有此”。抽屉可放置“文人所需，如简牍刀锥、丹铅胶糊之属”“至于废稿残牍……亦可暂时藏纳”。既便于取索，又可保证桌面洁净，何乐而不为呢?

其二，是为了保护桌案几面的隔板。当然，“此予（李渔）所独置也”，并非必需之物。出于北方冬日严寒的原因，室内常要用到围炉；但“火气上炎，每致桌面台心为之碎裂”。于是，李渔便在天未冷时，便“另设活板一块，可用可去，衬于桌面之下，或以绳悬，或以钩挂，或于造桌之时，先作机彀以待之，使之待受火气，焦则另换，为费不多”。

第三件要准备的小物，是用来垫桌角的桌撒。

书中还说道：“此物不用钱买，但于匠作挥斤之际，主人费启口之劳，僮仆用举手之力，即可取之无穷，用之不竭。” 可见，文人设桌案，不仅讲究使用便利，更要节约用度。

然而，仅仅这些细节的改良，还不足以显示明代文人的巧慧。明代文人，更是善于发挥他们的才智，令旧物焕发新的生命力。据说明熹宗曾嫌弃明代床的笨重而亲手创制了折叠床，李渔亦“特创”了凉杌与暖椅两种坐具。他在《闲情偶寄·器玩部制度第一》中写道：凉杌“杌面必空其中，有如方匣，四围及底，俱以油灰嵌之，上覆方瓦一片”。在使用时，“先汲凉水贮杌内，以瓦盖之，务使下面着水，其冷如冰，热复换水，水止数瓢，为力亦无多也”。如此一来，这坐上之人亦可不畏暑伏，而潜心读书论画了。相比凉杌，暖椅的功能则更为复杂。

李渔曾说，因“冬月著书，身则畏寒，砚则苦冻，欲多设盆炭，使满室俱温，非止所费不赀，且几案易于生尘，不终日而成灰烬世界。若止设大小二炉以温手足，则厚于四肢而薄于诸体，是一身而自分冬夏，并耳目心思，亦可自号孤臣孽子矣”。这是李渔设计暖椅的初衷。在凛冽的寒冬之中使用暖椅作为坐具，既可避免灰烬四落难以打扫；也可令周身温暖，不至于受热不均。这种因文人体验而改良创设家具的过程，恰似今天设计师在设计家具时所做的一样：先提需求及问题，再设法解决。

当然，对于文人来说，有了安坐之椅，亦要有作诗绘画的“桌”。

于是，李渔为暖椅又配套了一件“扶手匣”。这件扶手匣不同于轿上的扶手匣，因要陈设纸墨笔砚，所以体型更为宽大。同时，扶手匣的面板亦是特制的：“镂去掌大一片，以极薄端砚补之，胶以生漆。”古人书写需先研墨，但墨遇寒会凝固，为此文人在冬日里不免要常常为之呼气取暖。经李渔如此巧设，炭火在匣屉中燃烧，其升腾的热气可令“砚石常暖，永无呵冻之劳”，十分方便。当然，身为那“无香不欢”的明代文人，李渔自然没有忘记将香薰的功能，也附着在这件“多功能文人家具”上。暖椅扶手匣可代替香炉，且比香炉的效果更为理想。香炉焚香香味易散，而以暖椅焚香，香味不仅持续时间长，而其馥郁香气更是集中。同时，使用方法也十分简单，只需在“炭上加灰，灰上置香”，椅上之人便可闻到扑鼻的芬芳。香气可以熏人，亦可熏衣，屉中所焚之香，自下而升“能使氤氲透骨”。如此一来，暖椅“又可代熏笼”。

如果以为这就是暖椅扶手匣的全部武功，还真是小看了古代读书人的浪漫情思。在那李渔眼中，它“是身也，事也，床也，案也，轿也，炉也，熏笼也，定省晨昏之孝子也，送暖偎之贤妇也，总以一物焉代之”。文人久读书，案牍总劳形。每“倦而思眠”之时，人们可“倚枕暂息”，这套椅匣便宛如一张小床，可送主人一场酣梦。当觉饥肠辘辘时，人们可凭几用餐，这套椅匣又“是一无足之案”。当放下书卷，要游山访友时，“只须加以柱杠，覆以衣顶，则冲寒冒雪，体有余温”，这套椅匣“又是一可坐可眠之轿”。当夕阳西下时，人们可将枕簟放在其中，“不须臾而被窝尽热”；早晨起床时，人们可先将衣鞋放在其内，“未转睫而襦裤皆温”。这一暖椅一扶手匣，两者配合得天衣无缝，令那陋屋下的文人，亦可自在其乐。

经文人所爱所题、所创所改的家具，它们的每个细节，都透露着古代读书人对生活敏感的捕捉、仔细的观察、深入的思考；家具每一点的别出心裁，都透露出文人大胆的想象、勇敢的实践，以及那偶然的“灵光乍现”。不论是那“伤心”的明熹宗，还是那极富巧慧的戈汕与李渔，他们始终都循着自己的真心，践行着明代文人心中之道。正如王国维引尼采之语：“一切文学，余爱以血书者。”明代的文人，亦是以生命在格物致知——“百姓日用即道”。

億萬人增億萬壽
泰平歲值泰平春

第四章　榫卯交响四·宫廷家具篇

宫廷家具，是榫卯交响曲当中，最富于变化、最瑰丽恢宏、最波澜壮阔的一个乐章。它以名贵的材质、精湛的工艺令家具的历史高潮迭起、精彩纷呈。特别是明清时期的宫廷家具，它们以雍容富丽的身姿，呈现着宫廷家具最后的峥嵘岁月。在紫禁城大小宫殿中久经岁月洗礼的家具，都是宫廷家具中傲人的典范。这些曾经为皇子妃嫔们所使用的一灯一架，都有着明确的等级以及严格的使用规范。它们，横跨两朝，展现了满、汉民族文化同台共存的状态。

一、天子位在九五之尊

《易经·乾卦》第五爻卦辞曰：“九五，飞龙在天，利见大人。”那天上的飞龙，预示“大人”的出现。他，就是那居天位而德备天下的天子。这独一无二的圣人天子，在秦以前被人们称为“王”，自秦始皇嬴政，取三皇五帝之义，始改称“皇帝”。《诗经·小雅·北山》中说：“溥天之下，莫非王土，率土之滨，莫非王臣。”然而在古代，无论是王还是皇帝，他们都拥有至高的地位，无上的权力；他们既拥有天下，也拥有万民的崇敬与瞻仰。他们的一寝一卧都注定与凡人不同，他们的一言一行也都象征着天意。他们踞床榻、坐交椅、位宝座，指点江山、挥毫天下。于是，宫廷家具的雄伟之音因他而起，愈演愈宏大，曲律波澜澎湃，拍调敦睦和谐，呈现一派太平有象。

1. 观画像　赏宝座

在古代，皇帝与龙往往分不开。皇帝面露喜色，人们会说龙颜大悦；皇帝面有愠色，人们则称龙颜震怒。司马迁在《史记·高祖本纪》中称：“高祖为人，隆准而龙颜，美须髯，左股有七十二黑子。”然而，有着如龙一般相貌的帝王，历史上自是不独汉高祖刘邦一人。在历代典籍中，文人常以“日角龙颜”“龙凤之姿”“龙睛丰目”来形容一代帝王。这些含有歌颂意味的比拟对于后人来说，是十分朦胧、难以想象的。于是，将容颜定格在绘画当中，成为古人追思先帝的一种传统。据《孔子家语·观周》记载，早在春秋时期，孔子便曾观“尧舜之容”“桀纣之像”“周公相成王”，面朝诸侯之图。此外，《艺文类聚》引曹植《画赞·序》还曾补充：

昔明德马后美于色，厚于德，帝用嘉之。尝从观画。过虞舜庙，见娥皇女英。帝指之戏后曰：“恨不得如此为妃。”又前，见陶唐之像。后指尧曰：“嗟乎！群臣百僚，恨不得为君如是。”帝顾而笑。

除了君临天下的帝王，母仪天下的皇后，同样可留有写真。将他们的画像列于明堂之中，其缘由大抵如孔夫子所言“夫明镜所以察形，往古者所以知今”。

在宫廷画师的妙笔下，这些古代先王先帝、贤后德妃，呈现出不同的神采与风姿，犹如今天的照片一般，那画师的大笔一挥、丹青一舞，便将那曾经叱咤风云的天之骄子定格在画面之上。

目前可考的帝王画像中，唐代阎立本绘制的《历代帝王图》（图108）年代较早，比较客观地反映了早期帝王图像的情况。长卷中，阎立本以春秋笔法，描绘了唐代以前共13位帝王的肖像。其中，比较特殊的是南北朝陈朝的3位皇帝：陈宣帝陈顼、陈文帝陈蒨、陈废帝陈伯宗。他们并不像其他皇帝一样临风而立，而是在坐具上屏气凝神。据史料记载，文帝陈蒨病逝后，其子陈伯宗继位。然而伯宗年少，在位仅3年，他的叔叔、文帝之兄陈顼便趁机废帝篡位，自立为帝。画面中，陈废帝与其父亲陈文帝相向而坐于榻上，篡权的陈宣帝则乘轿辇坐在文帝身后。他们坐下之榻与轿辇的高低、向背，微妙地暗示了三代皇帝对权力的角逐。

在阎立本《步辇图》中，以唐贞观十五年（641年）吐鲁番首领松赞干布与文成公主联姻的历史事件为题材，描绘了唐太宗李世民高乘轿辇的英姿。太宗坐下之辇，与《历代帝王图》中陈宣帝的轿辇相仿，如移动的“王座”，高高在上，象征着至高的地位。

王座，又称宝座、御座，有广义与狭义之分。广义的宝座，涵盖帝王及身份尊贵之人所处的地理空间，以及相对其他地位卑下之人所特设的方位。在这个空间内，通常有黼扆或屏风、专用的坐具和其他陈设。而狭义的王座，则是其中的坐具。狭义的宝座并不以舒适为目的，通常体型宽大，用材昂贵，不惜重料，雕琢精美，镶饰繁缛。在今天的紫禁城中，各大宫殿几乎

图108
唐 阎立本《历代帝王图》（局部）
美国波士顿博物馆藏

都设有宝座，而它的前身，则可溯至席居生活方式时，帝王与皇后身下的重席与榻、玉几黼扆。

据《周礼·春官伯宗第三》记载："凡大朝觐、大飨射，凡封国、命诸侯，王位设黼扆，扆前南乡，设莞筵纷纯，加缫席画纯，加次席黼纯，左右玉几。"清人秦蕙田在《五礼通考》中进一步解释道："几，玉几也。左右者，优至尊也。"可见，古代的王座惯设左右玉几，以展现帝王非同一般的身份地位。玉几不同于王者与尊者均可以享用的床榻，王位上的"左右玉几"，是从礼制入手的等级界限，是只有王才可拥有特殊的待遇。然而，随着礼崩乐坏，几所承载的贵族气质慢慢黯淡了下来。但几凭借着古老的身份，依旧被统治者所爱戴。故宫旧藏清代三足凭几，就是清代皇帝出行时在帐中所使用的。这件凭几，虽已不是周王身边左右的玉几，却同样华美。其所用的罩金工艺，是将器物通体贴金箔而后覆以透明的漆。这种工艺往往赋予家具一种奢华富丽、金碧辉煌的视觉效果，给予观者一种灼眼耀目的恢宏气势。

狭义的宝座，随着生活方式的改变而慢慢独立出来。在宋代的帝王及皇后的画像中，我们已经能够看到十分成熟的宝座了。现藏于台北故宫的宋太祖赵匡胤画像（图109），能看到宋代画师以其特有的平实自然笔法，将宋代帝王描摹得素朴而典雅。太祖座下，是由宫廷画师精心刻画的宝

图109
宋太祖赵匡胤画像
台北故宫博物院藏

座。在画像上，宋太祖头戴一顶长脚展翅乌纱帽，身着一袭素白衣袍，十分素净。他坐下的宝座在朴素中透露出精致：宝座通体髹红漆并包镶鎏金花边饰片；在扶手上侧，有鎏金云纹装饰；在座椅的搭脑与扶手四个出头处，又各探出一口中衔珠旒的金龙头。在宝座前方，配有成套的髹红漆脚踏，方正而精巧。在众多画像中的宝座，宋太祖的宝座以简夺繁，显得格外端庄素雅。

宋真宗皇后刘皇后的宝座以及宋仁宗皇后曹氏的宝座（图110），则以轻巧的造型和华美的椅披而夺人眼目。虽然同为皇后的御座，刘皇后的宝

图110
宋真宗皇后刘皇后像
台北故宫博物院藏

座，形式上类似于明代的四出头官帽椅，有饰以曲颈龙头的搭脑与扶手，在龙口中，还垂落着挂珠坠饰；而曹皇后的宝座，并没有扶手，只在靠背上方搭脑处探出两只口含宝珠的龙首，宝座椅腿却雕琢得婉丽而秀巧。在她们的宝座前，均放有与宝座风格一致的脚踏，造型仿佛缩小版的高榻，

图111
南宋 马和之《孝经图》(局部)
台北故宫博物院藏

既彤碧辉耀，也玲珑可爱。

在传世的宋代帝后画像中，宋英宗赵曙的宝座，是最与众不同的一个。在英宗的画像中，我们无法看到宝座的全貌，唯能知道它足够宽，髹红漆，靠背两侧有龙首探出。但从南宋画师所绘的《孝经图》（图111）中，似乎能够一睹这种宝座的全貌。图中的这种宝座多次出现，它长而宽大，不论在功能上还是造型上都与椅分道扬镳了。它高而方正，有着须弥座式的束腰和无法倚靠的靠背，与佛教中象征神圣的台座有几分相似。

明代的宝座可从开国皇帝朱元璋的画像说起。在明太祖朱元璋的画像中，这十分尊贵的宝座却丝毫不奢华，亦不宽大，倒更像是一把座椅。如画像中的宝座也十分简洁，唯有那探出的两条龙头扶手和座前的脚踏，方令人不忘它的高贵。据《明史·宋思颜列传》记载，明初参军宋思颜曾向高皇帝直言曰："主公躬行节俭，真可示法子孙，惟愿终始如一。"可见，朱元璋以白手起家得天下后，仍旧秉承着节俭的生活习惯，这质朴的宝座可谓是他执政态度的一个侧影。

明太宗朱棣，是明代的第三位皇帝，是太祖朱元璋之子。他于1402年登基，定年号为永乐，所以后人也常称他"永乐大帝"。在明太宗朱棣的画像（图112）中，朱棣器宇轩昂、炯炯有神，在他座下，是一张极为奢华的宝座。从形式来看，朱棣的宝座直承宋太祖赵匡胤宝座的造型，宽大而端正，棱角分明，均设有口衔坠饰的龙头。在风格上，朱棣的宝座则更为

图112
明太宗朱棣画像
台北故宫博物院藏

繁缛华丽，不仅在扶手出头处、椅背搭脑处有口吐珠旒的龙头崛起，在扶手的转角处也同样昂扬着一对口吐珠旒的龙首。其珠旒更是比宋太祖赵匡胤的珠旒繁复许多，层层缀宝，花样迭出。宝座的扶手上、座面边、腿足沿、托泥侧等地方，均镶嵌着各色珠翠珍宝，并描金重彩。就连前方的脚踏，亦是嵌珠宝描丹青，真可谓雕缋满眼，无比奢华。

图113
明英宗朱祁镇画像
台北故宫博物院藏

在明英宗朱祁镇的画像（图113）中，宝座的形式有了较大的改观。宝座的整体结构依旧承袭着明太宗宝座的方正规矩，但座面上方的扶手与椅背，却呈现着“山”形的三面围子式。这种靠背、扶手与围屏相结合的宝座形式，同样出现在明宪宗朱见深、明孝宗朱祐樘、明武宗朱厚照、明世宗朱厚熜、明穆宗朱载垕、明熹宗朱由校的画像中。其中，明宪宗朱见深

图114
明孝宗朱祐樘画像
台北故宫博物院藏

的宝座与明英宗的几乎一样。

明孝宗朱祐樘与明世宗朱厚熜的宝座相仿（图114），座面下方的四条腿足落于须弥座式的台座上。在两位皇帝的宝座后方，都设有一件象征王权的黼扆；在黼扆的正中央，有一条面露狰狞的龙正张牙舞爪的在云雾间戏着

图115
明熹宗朱由校画像
故宫博物院藏

宝珠。在那怒目之龙的照应下，宝座上的帝王也不怒自威。

明熹宗朱由校，可谓是明清皇帝当中最“心灵手巧”的一位，他在营造、木工、雕刻等方面造诣极深。与明代其他皇帝的画像有所不同，朱由校的画像（图115）构图盈满，其中陈设之物良多，与今天所见故宫中清代宝座位的陈设已相差无几。据胡敬所著《南薰殿图像考》记载：

明熹宗像二轴，绢本。一纵六尺四寸，横四尺九寸，设色画，坐像高三尺六寸，黼扆，冠服同上，旁二几，陈设瓶鲈书策。一纵三尺四寸，横一尺三寸五分，设色画，坐像高一尺九寸，黼扆冠服陈设并同。

如图考所言，宝座两侧都有高高的髹红漆几，几上有青铜鼎，有香炉，有书策，有花瓶。左右两边的花瓶内，斜倚着几朵娇艳的牡丹花，其中一只瓶内还穿插着三枝清雅的白梅枝条。画中花香丝丝清冽，几度芬芳，似乎都能漫出画面，飘到了我们身边。此外，明熹宗朱由校的宝座底部与配套的脚踏，都呈现出须弥座的形式，为这宝座平添了许多建筑的宏壮之美。在围屏式的靠背上，两侧的龙不再向外昂首挺胸，而是转过身来顺服地面向中间，显得十分“毕恭毕敬”。同时，椅背上的双龙，镶有黑色宝石珠作为双目；扶手上探出的双龙，则以红色宝石珠点睛。4条神采奕奕的神龙起伏于宝座上，精美而生动。

然而，历史的辉煌总湮没在如歌的岁月之中。这些画像中那一座座珠光熠熠的宝座，终究也化成了散落的音符，随着渐消的回声而远去。在今天故宫各大宫殿中，我们所能见到的宝座，大多已是清代皇帝及皇后妃嫔的遗物了。虽恨不能目睹那奢华富丽的七宝嵌、暗含天威的珠旒缀，但幸运的是，我们还拥有这些细致入微的画像。它们保存的，既是皇家的尊严，也是宫廷文化的恢宏壮阔。

2. 紫禁城的宝座

清朝作为最后一个封建王朝，以独特的文化背景诠释了宫廷家具的新形式，书写了一曲宏大富丽的清宫文化乐章。清代的宫廷家具，在种类上基本与前朝无异，但在造型上更加恣意多样，在材质的选择上有所侧重，在风格上汲取了不少西方艺术的营养，在工艺上则博采众长、为我所用。不论是雕镂镶嵌，还是描金绘彩，都彰显着马背上民族的帝王本色。

清代以前的帝后像，布局不拘一格，宝座形式多变。而清代皇帝的帝王像，不论是在设色方面还是在家具的陈设上，都具有高度的一致性。观清代前11位皇帝的帝王画像，[1]他们的着装颜色款式几乎一致，宝座的

[1] 第12位皇帝，即清代的最后一位皇帝宣统皇帝爱新觉罗·溥仪，并未留下帝王画像。

形式也如出一辙。若将众位皇帝的画像排列开，可见那宝座尽罩金雕龙，兽面腿须弥座，和皇帝的龙袍叠在一起，全然一片金灿灿、明晃晃。然而跳出那供人瞻仰的帝王画像，回归到宫廷的日常生活当中，清代的宝座却也丰富多彩。宝座，是权力的象征，与皇帝皇后如影随形，将中央集权推至巅峰的清代统治者，更是处处离不开它。紫禁城中有宝座，圆明园、热河（承德）、景山等处亦设有宝座——凡是皇帝銮驾欲到之处，宝座即先行备好。即使是在皇帝出行当中，轿辇也要罩金描彩、壮大春容，神同“宝座”。

清代皇帝出行的仪仗，多从明制。据《明史·仪仗》记载，皇帝出行时随行常备有：“卤簿仪仗，有具服幄殿一座，金交椅一，金脚踏一。”其中具服幄殿是“木架苇障”“上下四旁周以幄帟，以象宫室”。厚重宽大的宝座不易携带，于是就将交椅置在“临时宫室”之内，以充宝座。建立大清王朝的女真人，本是游牧民族出身，常外出狩猎或巡行，入关之后，仍将交椅作为出行时的“宝座”。如这件清宫旧藏的黄花梨拐子纹直后背交椅（图116），风格上留有明式家具的古雅与简练，“山”形围屏式靠背暗示着使用者的不凡身份。有趣的是中间高屏搭脑，采用了卷书式，多了些许文人气。

为了稳定自己的统治，清代的皇帝经常出游寻访。其活动的范围不仅限于京畿及附近省市，开创了“康乾盛世”的康熙帝就曾六次下江南。然而在今人眼中并不算遥远的这段距离，对于以马车轿辇等为主要交通工具的古人来说，却是十分漫长的路程。如何能在长途跋涉中，既不失皇家的尊严与神圣，又能保龙体一路安康，绝非易事。在《养心殿造办处史料辑览》中记载，乾隆帝曾下旨“订制”御辇上用的宝座。

在清乾隆十五年正月二十八日，“员外郎白世秀，七品首领萨木哈将金辇，玉辇上宝座二座，剑架二分（份），随剑持进，交太监胡世杰呈览”。乾隆帝看后下旨：“金玉辇上宝座着换做马栅式，上身座子上用兽面，虎爪形腿子香几剑架准照紫檀木雕龙做法成做。剑架要一尺高，照轿上一样安裱托痰盂托。钦此。”并在二月初一日再次下旨：“其宝座照黑杆四人亮轿一样成做。钦此。”于十一月二十日“员外郎白世秀，司库达

图116
清中期 黄花梨拐子纹直后背交椅
故宫博物院藏

子，七品首领萨木哈将金辇，玉辇上宝座二分（份）做得布坐褥样一件，并妆缎坐褥二件，貂皮坐褥二件持进，交太监胡世杰呈览”。

这件宝座参考了当时宫廷所用“亮轿”的形式。所谓亮轿，又称作凉轿，是与暗轿、暖轿相对的一种轿子。它是一种四面无帷子的轿子。虽然档案中的“金辇”“玉辇”现已无实物与之对应，但或许从图中这件黑漆髹金云龙纹肩舆的身上，还能寻觅到当时这件宝座的身影（图117）。

出行，时而经陆路，时而经水路。在那飘摇的船只上，宝座亦然要屹立其中，彰显帝王气象。在雍正四年（1726年）五月十二日，太监王安曾传旨：“着做船上用的矮宝座一张。”这件宝座“扶手不必做花的，做素圆撑，靠背做宽些，穿藤子”。在同年六月初三日，这件简素的船上用矮宝座诞生了，它以高丽木为质，配有葛布座褥和藤屉，体现出乘坐宝座之人雍正帝的品位。这件宝座宽敞舒适，风格素雅，令雍正帝十分喜爱，于是其又下旨曰：“照船上高丽木宝座尺寸款式做花梨木宝座一张、红豆木宝

图117
清中期 黑漆髹金云龙纹肩舆
故宫博物院藏

座一张。”低矮的宝座，是能工巧匠因地改制的创造。它以新奇的造型、特殊的规格，既保全了皇家尊严，也更适合低矮逼仄的船舱，在使用价值与象征意义当中恰得一个平衡点。

尽管轿辇与交椅已足够威风，却并非宝座的实际归属。从诞生之日便烙印着天威的宝座，最终还需在皇城之内展尽风光。在紫禁城中，不仅皇帝所在的乾清宫、养心殿、太和殿等宫殿设有象征皇权的宝座，东西六宫的十二个宫殿的明间，也设有宝座。在这些宫殿当中，宝座常与屏风和地平共同构成一种象征皇家威严的立体空间，即广义上的“宝座”。

关于清代东西六宫明间宝座陈设的记载，较早且详细的记录来自《康熙起居注》中的造办档案。据档案记载，清康熙二十一年（1682年）六月：“初一丁丑。又工部议，制造六宫宝座、脚踏、屏风、线毯及皇太子宝座、脚踏，实用银共一万三千七百余两。此内飞金、颜料交与户部采办，其材料及匠役工食银两，本部库内给发。”[2]可见，一宫之中宝座位的家

[2] 这次宝座的制作过程并不顺利，其中毫不节裁的造价、高达6000余两的浮银，以及工部屡次的冒估情弊，都令康熙帝龙颜大怒。皇帝虽数次下旨令工部节省减价、重新估值，但最终还是落得了“另差官制造”的地步。据《康熙起居注》卷十三记载：“上曰：萨穆哈等亦着降五级留任，图鼐等着降五级调用，雅图着革职。”凡涉冒估渎职的人员，均受到不同程度的惩罚。

图118
清中期 紫檀莲荷纹宝座
故宫博物院藏

具通常为成套定制，风格统一，造价不菲。如故宫旧藏的这件紫檀莲荷纹宝座（图118），前置有配套脚踏，虽整体一袭素色，不似其他宝座错彩镶嵌得繁缛，但在琢刻上别有新意。荷花之“荷”与“和”谐音，寓意和和美美；盘绕的根茎与隐匿其间的莲子，象征着“子孙绵延”。一捧荷叶巧妙托住了搭脑，令这雍容的宝座别出几分情趣。也许是因它的“有趣”或“简素”，令它躲过战乱，安度了动荡的岁月，至今仍完整地躺在紫禁城内。然而，其他的宝座就没那么幸运了，不知下落者多，被替换到他处者亦多。

清康熙时期，在东西六宫十二个宫殿中陈设的宝座与屏风，于乾隆七年或被挪至其他殿宇，或被新的顶替。乾隆七年（1742年）三月三日，太监高玉曾传旨：

> 钟粹宫内旧地平，屏峰（风），宝座，换在承乾宫内。其承乾宫内新地平，屏峰（风），宝座，换在钟粹宫内。再景仁宫内旧地

平，屏峰（风），宝座，换在延禧宫内。亦将延禧宫内新地平，屏峰（风），宝座，换在景仁宫内安设，钦此。

如上还好，尚可留在紫禁城内，但从现存史料来看，紫禁城中的家具不仅会在紫禁城内的各宫殿间进行调换，还存在划拨给圆明园、颐和园、热河行宫等皇家园囿行宫的情况，而园囿行宫中的家具亦可以进入到紫禁城内。

广义的“宝座”，除了狭义的家具本身，还包括地上起的“高台”——地平。今天，东西六宫的宫殿内几乎已无地平，但通过乾隆时期《活计档》的记录，我们可以看到地平仍是当时宝座空间十分重要的组成部分：

景仁宫有地平，宽一丈五尺四寸，长一丈三尺九寸五分。

承乾宫无地平旧迹，宽一丈三尺九寸，长一丈四尺。

钟粹宫有地平，宽一丈三尺九寸，长一丈四尺。

延禧宫有屏峰（风），无地平旧迹，宽一丈四尺五寸，长一丈四尺。

永和宫有地平，宽一丈三尺八寸，长一丈三尺九寸。

景阳宫前殿中一间，共宽一丈七尺二寸五分，长三丈，无地平，要安，宽一丈三尺八寸，长一丈一尺八寸五分。

永寿宫有地平，宽一丈三尺八寸七分，长一丈三尺九寸。

翊坤宫有地平，宽一丈三尺九寸，长一丈四尺五寸。

储秀宫有地平，宽一丈三尺九（寸）五分，长一丈四尺。

启祥宫有屏峰（风），无地平旧迹，宽一丈四尺，长一丈四尺二寸。

长春宫有地平，宽一丈四尺，长一丈四尺。

咸福宫有屏峰（风），无地平旧迹，宽一丈五尺四寸，长一丈三尺九寸五分。

星罗棋布的宝座，令紫禁城中的宫殿都凝固着威严的气息。而紫禁城的皇家气象，也“骄纵”着宝座遍地开花。即使是在那舞动文墨的桌案上，清代的统治者也没有令宝座缺席。如图中这件黑漆描金莲蝠纹宝座式笔架（图119），完全是根据日用的宝座等比例的缩小，在细节上却丝毫没有懈怠，而是愈加体现了文玩的精巧。在宝座靠背的正中央，原镶嵌着宝玉现已脱落；靠背的背面，则描着山水楼阁。在月牙式的座面上，有5个用来插笔的孔，在托泥对应的地方也有5个承托笔杆的凹槽。这样工巧细腻

图119
清中期 黑漆描金莲蝠纹宝座式笔架
故宫博物院藏

的宝座笔架，既寄托着统治者对宝座的重视，也展现了皇权威严的无处不在。

清人的宝座在材质上常常别出心裁，并且经常融入一些具有象征意味的特殊材质。如清雍正七年（1729年）六月二十日太监王太平曾传旨：“西峰秀色自得轩后方亭内着做乌拉石宝座一张、桌一张，不要太重了。钦此。”于七月初十日做得镶乌拉石紫檀木宝座一张、桌一张。这种乌拉石，闻其名便知与满族有着密切的联系。它产自满族人的老家长白山地区，在清康熙、雍正、乾隆时期比较流行。以乌拉石作为家具的装饰，可谓清代统治者的独创，将它融入宫廷家具当中，实则蕴含着潜意识的故乡情怀。

另一种别具游牧民族本色的材质是动物的骨骼，清代的统治者将它与宝座巧妙地结合在了一起，令向来庄重的宝座释放出一种野性的美感。在乾隆十年（1745年）初九日，司库白世秀、副催总达子将热河送来鹿角宝座一座、堆绢围屏一架、铜盆架一件，衣架一件持进交太监胡世杰呈览。乾隆帝览后下旨曰：

> 将铜盆架衣架留下，鹿角宝座收什（拾）换象牙背心，仍在热河梨花伴月安，其照样所做鹿角宝座一座，不要足踏，亦做象牙靠背心，其什件做火漆地铁鋄金。妆缎坐褥，其围屏将破坏堆绢画拆下收贮，将尺寸交春宇舒和，俟张雨森得空时按此尺寸画八幅，其架子漆水什件收什

（拾）粘补。钦此。

通过这道圣旨，乾隆帝令将原有的鹿角宝座“背心”换成了象牙的材质，并且又仿此件的样式重做了一座鹿角宝座。十一年五月十一日太监胡世杰、张玉传旨：“要鹿角宝座等活计呈览。钦此。”这一日，司库白世秀将鹿角宝座上铁什件等持进，交太监胡世杰呈览。乾隆帝看后下旨道：“不必鋄金要鋄银。钦此。”次年七月十一日，副催总张三才将收什（拾）换象牙靠背心鹿角宝座一座，随坐褥等件持赴热河梨花伴月安设讫。这件宝座的制作跨越了两年的时间，可见这种鹿角椅工艺之精巧、用心之良苦，非一般家具可比。这种风格粗犷、气势壮大的宝座，令看惯了繁缛细腻的乾隆帝眼前一亮。故宫藏的两件乾隆时期鹿角椅上，都铭刻有乾隆帝的御笔题诗。其中一首作于乾隆二十八年，诗云：

大狝年年幸塞沙，诘戎深意讋荒遐。

虞人惟许献三杀，匠氏因教制八叉。

既朴而淳供憩息，匪雕以饰戒奇邪。

昭哉白水钦前迹，鄙矣青毡诩旧家。

乾隆癸未夏六月御题。

另一首诗作于乾隆三十七年，诗云：

制椅犹看双角全，乌号命中想当年。

神威讵止群藩讋，圣构应谋万载绵。

不敢坐兮恒敬仰，既知朴矣愿捐妍。

盛京惟远兴州近，家法钦承一例然。

乾隆壬辰季夏中浣御题。

以动物骨骼作为装饰的鹿角椅算是宝座中的特殊品类，它是衬托清帝王的一类特殊用器。它在乾隆帝的心中是淳厚而素朴的，其奇绝，非倚赖精雕细琢；其神威，自是浑然天成（图120）。

然而象征地位与威仪的宝座，其适用对象并不仅限于人，在清代宫廷家具中，还有一类专用来供奉神位的宝座。如这件曾经陈设在奉先殿供奉神用的金漆云龙纹五屏式宝座（图121），在风格上与保和殿、太和殿、乾清宫一致，均散发着雍容整肃的气质，令人不由肃然起敬。但因非日常使

图120
清中期 鹿角椅
故宫博物院藏

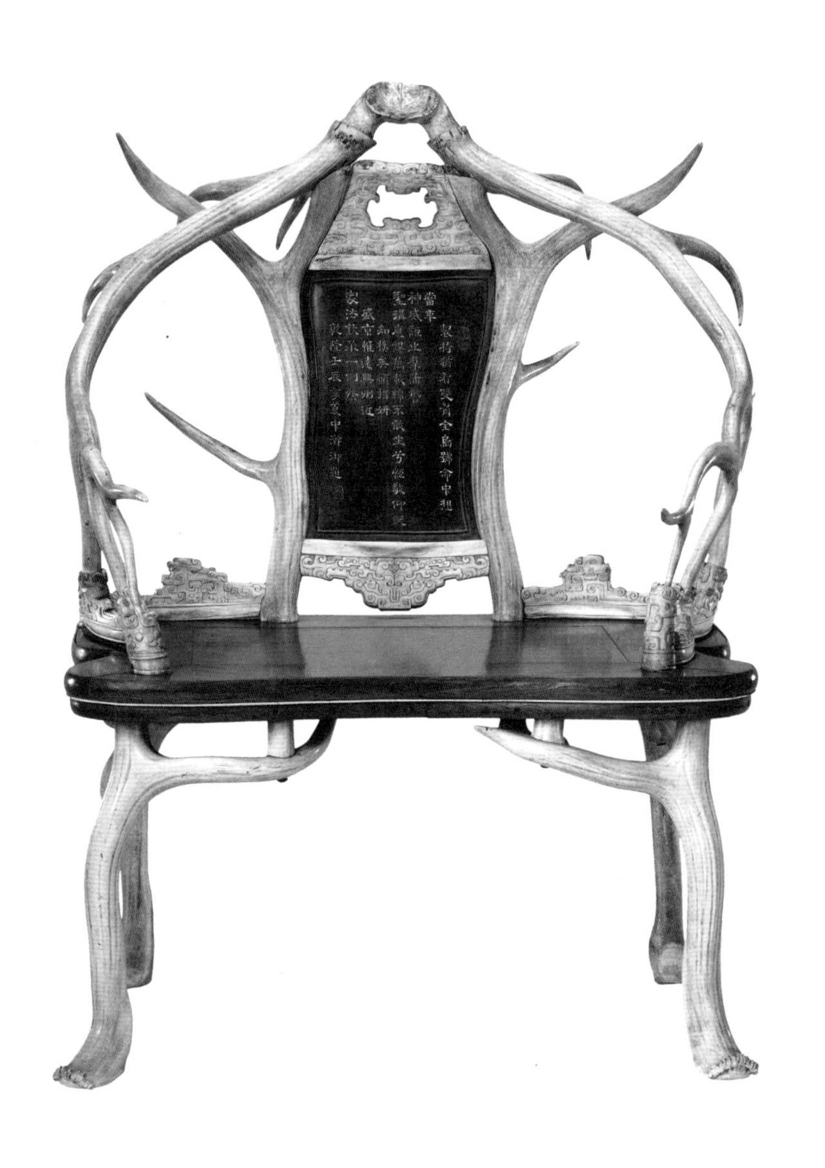

用的宝座，奉先殿的这座宝座明显要小于上述三宫殿明间内的宝座。在它的身上，投射着神权与皇权合一的意识形态，它在百工献艺、极尽精工的宝座乐章中，看似默默无闻，实于其中升华。

3．康熙帝的审美

古人将甲、乙、丙、丁、戊、己、庚、辛这十天干与子、丑、寅、卯、辰、巳、午、未、申、酉、戌、亥这十二地支相配，形成了中国传统

图121
清中期 金漆云龙纹五屏式宝座
故宫博物院藏

的六十甲子纪年法。60年，对于寿命普遍较短的古人来说，已足够漫长。然而在清代，却有两位皇帝的在位时间超过了六十载——康熙帝爱新觉罗·玄烨以及乾隆帝爱新觉罗·弘历。其中，康熙帝在位61年，是有史料记载以来在位时间最久的一位帝王；其孙乾隆帝为表示对祖父康熙帝的尊重，在执政的第60年选择了退位，在位时间为一甲子。退位后，乾隆帝又做了3年太上皇，实际执政时间长达63年。康雍乾三代执政的岁月，可谓清朝的鼎盛时期；在这一时期，社会呈现出一片祥和与富强。

然而，虽血脉相通，康熙帝与乾隆帝却有着不同的品位。所谓上有所好下必甚焉，他们的趣味与审美，总能使世风随之一变。作为“康乾盛世”的开创者与奠基人，康熙帝8岁登基，14岁亲政。在位期间，康熙帝励精图治，巧擒鳌拜、平定三藩、外逐沙俄、内破准格尔，为清朝发展打下了良好的政治基础。在文化方面，自幼便对儒家学说“殊觉义理无穷，乐此不倦”的康熙帝，极力推兴儒家学说，并意图将治统与道统合一，以儒家学说为治国之本。同时，康熙帝对西方学说十分感兴趣，不仅时常请西方传教士进入养心殿讲授西方科学的知识，还力排众议批准并资助法国耶稣会士兴建天主教堂。据洪若翰神父致拉雪兹神父的信上所述，康熙帝“自己选择了算术、欧几里得几何基础、实用几何学与哲学”学习。由于康熙帝对西方文化的好奇与推广，西方文化在这一时期得到了大力的宣传，许多传统工艺与西方技术相结合，呈现出了一派生机盎然的景象。

明清时期，大批传教士陆陆续续进入中国，许多欧洲制造的工艺品也相继作为礼品进入到宫廷之中。面对这些别具异域风情的西洋制品，皇帝首先对色彩浓丽的珐琅一见钟情。

据康熙五十五年（1716年）三月意大利传教士马国贤寄回国的书信记载[3]：

> 皇上对欧洲的珐琅着了迷，想尽法子将珐琅画的新技术引进宫廷的作坊，好在宫中有欧洲输入的大件珐琅器可资参考、仿效，再加上中国人原有的瓷上施釉彩的经验，珐琅的烧制应该是办得到的。为了制珐琅，皇上曾命我和郎世宁画珐琅，我俩想到从早到晚和宫中卑微的匠人在一起，就借口说不曾学过画珐琅，也下定决心不要知道。我们画得很糟，以致皇上看到我们的画后说“够了”，为此我们庆幸不已。

画珐琅的出现，着实惊艳到了这位博学广识的康熙帝。珐琅，类似中国传统的粉彩瓷，颜色艳丽，质感轻薄。在康熙帝的支持下，中国工匠开始研究并制造这类美器，并巧妙地将它从铜胎移植到琉璃与瓷器上。瓷胎珐琅和玻璃胎珐琅的发明，可谓一项伟大的艺术成就。据史料记载，在马

[3] 周思中，易小英：《清宫瓷胎画珐琅的名称沿革与烧造时间、地点考》，《陶瓷学报》，2010年3月第31卷第1期。

国贤寄信的半年后的九月份，清代的工匠们就研制出了玻璃胎珐琅彩。在康熙五十七年（1718年），专门研制珐琅的珐琅作划归至养心殿造办处，在稍后的康熙五十八年（1719年），康熙帝还请来了法国利莫日、珐琅艺人陈忠信到此传授法国画珐琅技艺。康熙帝在画珐琅这项技艺的发明与推广上，功不可没。经康熙等多位皇帝的推波助澜，珐琅种类在中国大地上不断丰富，技艺也日臻醇熟。在清代中期，宫廷中出现了大量采用珐琅工艺制作的家具，为清代宫廷家具的繁复之美增添了绚烂之色。

康熙帝对西方的机械钟表也十分感兴趣。他不仅热衷于收集西洋钟表，在清宫内务府造办处建立了“作钟处”，还请英国著名的钟表师法斯·斯塔林来此监制。据文献记载，康熙帝曾赐传教士徐日升“牙金扇一柄，内绘自鸣钟、楼台花树。御题七言诗云：‘昼夜循环胜刻漏，绸缪婉转报时全，阴晴不改衷肠性，万里遥来二百年。’”在康熙帝看来，钟表计时精准，远胜于中国传统计时用的刻漏，也不会像传统计时工具日晷那样，会受到天气光照的干扰。在《咏自鸣钟》中，康熙帝说道：

> 法自西洋始，巧心授受知。轮行随刻转，表指按分移。绛帻休催晓，金钟预报时。清晨勤政务，数问奏章迟。[4]

然而，尽管康熙帝对西方文化有着浓厚的兴趣，但他始终立足于中国文化的土壤当中。在孝庄皇太后的精心培养下，康熙帝在幼年时期便遍读史册经典，并热衷于书法。他尤其推崇明代董其昌的书法，康熙帝曾在《跋董其昌墨迹》中说：

> 华亭董其昌书法，天姿迥异。其高秀圆润之致，流行于楮墨间，非诸家所能及也。每于若不经意处，丰神独绝，如微云卷舒，清风飘拂，尤得天然之趣。尝观其结构字体皆原（源）于晋人……能得其运腕之法，转运处古劲藏锋，似拙实巧……雄奇峭拔……草书亦纵横排宕。

在康熙帝看来，董其昌的书法无人能及，既有风姿韵味，又浑然天成。其转环顿垂，处处都散发着古意。这种对书法审美的追求随着他的成长，日渐沉淀为其自身的气质与品位。康熙帝的日常生活中，处处流露着董其昌书法中的疏旷恬静。康熙时期的宫廷家具，也多典雅高格。

故宫现藏的康熙时期家具，不论在工艺上还是造型上，多保留着明

[4] 详见《圣祖仁皇帝御制文集》第四集卷三十一。

式家具的遗风，其中有数件华美的嵌螺钿家具。螺钿工艺是中国传统的工艺，用来镶嵌的螺钿可分为硬螺钿与软螺钿。硬螺钿多为海蚌的硬壳，如砗磲钿，外壳坚厚，原材大可至三尺，色泽润白。相比之下，软螺钿则脆而薄，它取自小海螺的内表皮，经剥离后的材料通常都比较细小。以硬螺钿镶嵌的家具，如民用家具篇中提及的明代嵌螺钿架子床，大气而庄重。因软螺钿表面具特殊颜色，由它组成的图案在不同角度看各有千秋，所以由软螺钿装饰的家具通常更富有秀雅贤淑的温婉气质。

康熙时期镶嵌螺钿的家具，常以五光十色的软螺钿作画，整体格调雅致，线条优美；而螺钿的分布亦不疏不密，缱绻的舒展，正恰到好处。如这件通体髹黑漆嵌螺钿花卉纹长方桌（图122），镶嵌时采用的便是这种质地脆薄、色泽多变的小海螺内表皮。通体的黑色与含蓄的贝光相互衬托，设色古雅中蕴含婉丽。其洗练而修长的线条，则特有明式苏作家具的风格。又如这件做工极为精细的康熙款黑漆嵌五彩螺钿山水花卉纹书格（图123），造型简洁明朗，仔细品味，却别有洞天。在通体的黑漆之上，是一层一层精致的螺钿图案。用来镶嵌的贝壳同上面的长方桌一样，也是色彩缤纷的五彩薄螺钿。这种贝壳薄如纸，在进行装饰时，工匠们会根据预设

图122
清早期 黑漆嵌螺钿花卉纹长方桌
故宫博物院藏

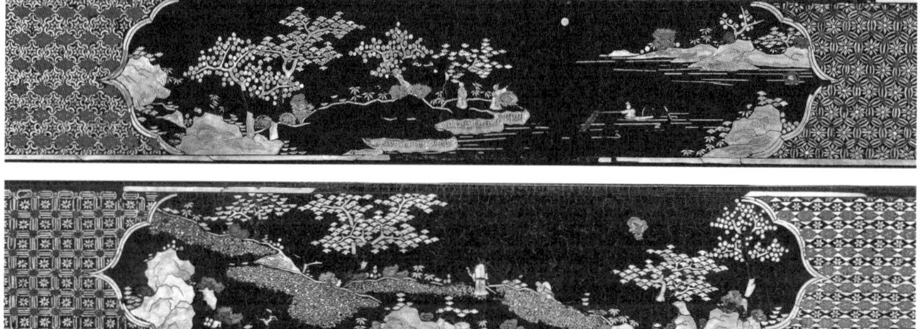

图123

清早期 康熙款黑漆嵌五彩螺钿

山水花卉纹书格

故宫博物院藏

图案需要的颜色对贝壳进行筛选，而后随类赋彩，点花绘草，从而形成家具上一幅幅绚丽多彩的画面。在这件书格的横枨和立柱上，铺列着风景各异的薄螺钿，其中有平波静水，有飞花引蝶，有洲渚轻舟，有简斋茅屋，总之无一雷同，各自为境，却又有着一样的恬淡。

填漆戗金，也是明清时期常用的一种家具制造工艺。所谓填漆，即填彩漆，是在已做好的素漆家具上先描绘花纹底稿，并用刀尖和针尖沿着画稿阴刻出花纹，再以不同颜色的彩色稠漆填入的一种工艺。戗金工艺，是在已经画好底稿的素漆表面，用刀尖或针尖依轮廓刻出低陷的花纹，再将金箔洒在已注好金胶的花纹内的一种工艺。用棉花球压后，金箔占满凹陷的花纹，但器物表面却依旧可以保持着凹凸有致的肌理。

在故宫所藏的众多香几中，两件落康熙年款的香几因其独特的工艺而格外耀眼。它们造型高挑优雅，留有明式家具的婉约之美。这一件康熙款填漆戗金云龙纹香几（图124），拥有正方的几面、正方的托泥，显得尤为规整。其腿足弧度舒缓，外翻的底足亦小巧而玲珑，与清中期香几或挺直或出奇的腿足相比，更有种文人的情怀抒于其中。另一件康熙款填漆戗金云龙纹双环式香几（图125），在形式上初露新意。几面是两个相交的圆形，与几面对应的，是腿足下面相交的双环式托泥。这件香几的腿足更为柔雅，在三弯式腿的基础上，又令足端内翻回卷，线条弧度婉转多姿，别有一番娇俏暗藏其中。

康熙时期制作的家具，虽然已是清代的家具，却不意味着它可被称作“清式家具”。康熙时期的家具代表了清代早期家具的主流风格，这时期的家具深受明式家具的影响，很大程度上还属于明式家具的范畴。清代早期的家具，造型上更多沿袭了明式家具的线性美，结构上也多采取明式家具的做法。如故宫旧藏的清早期填漆云龙纹长桌，四腿之间设有高高拱起的罗锅枨，枨上有托着桌面的卷云状卡子花，四条腿内侧挖缺，呈内翻马蹄的形式。整体造型，既简洁又合度[5]。

清式家具初露苗头，已是在康熙晚年了。这一时期，游牧民族明朗与旷野的天性和西方巴洛克的艺术风格，开始渐渐融入宫廷家具的审美当中。这件黄花梨藤心南官帽椅（图126），制作于清早期，不论是四腿之间

[5] 杨耀在《明式家具研究》中曾说：“明式家具有很明显的特征，一点是由结构而成立的式样；一点是因配合肢体而演出的权衡。从这两点着眼，虽然它的种类千变万化，而归结起来，它始终维持着不太动摇的格调。那就是‘简洁’‘合度’。”

图124
清早期 康熙款填漆戗金云龙纹香几
故宫博物院藏

图125
清早期 康熙款填漆戗金云龙纹双环式香几
故宫博物院藏

的步步登高枨，还是那微弯的背板，抑或是那不加雕琢的通体素净，都散发着明式家具的淳朴之美。然而其粗壮有力的卷曲的扶手，仿佛突兀其间的一种激变。它既如传统纹样中的卷云纹，又与巴洛克艺术风格中常用的漩涡意象相似。它的出现，预示着一种新的审美取向即将出现。

明式家具与清式家具的区别不仅限于美学的范畴，还有做法和工艺上的不同。明式家具用料精省，在材料的使用上力求顺应木材的本性，扬

图126
清早期 黄花梨藤心南官帽椅
故宫博物院藏

长避短；在结构上，通过运用各种形式的榫卯相互咬合连接，通体不用一根销钉，也几乎不使用胶。清式家具，以广作家具为代表，通常用整木挖成，很少拼接做法；在椅背的设置上，通常采取垂直的方式，而鲜有弧度。在康熙后期到雍正时期，一些明式风格的家具在结构上开始发生了细微的改变。如上述的黄花梨藤心南官帽椅，以一木破开而成，这在以往并不常见。又如这件故宫藏乌木七屏式扶手椅（图127），其围子仿窗棂灯笼锦式，中间最高的一屏作卷书式搭脑；原材的罗锅枨上是同样圆润的矮佬，四面平管脚枨侧面是云形的角牙。从风格上看，这件扶手椅有着明式家具的空灵意境与玲珑之趣，但垂直椅背的做法，呈现了明式向清式的过渡。

图127
清早期 乌木七屏式扶手椅
故宫博物院藏

康熙帝的审美，终究更近明人一层，也更得文人意趣之雅。《清史稿·列传·艺术一》曾如此评价康熙大帝：

圣祖天纵神明，多能艺事，贯通中、西历算之学，一时鸿硕，蔚成专家，国史跻之儒林之列。测绘地图，铸造枪炮，始仿西法。凡有一技之能者，往往召直蒙养斋。其文学侍从之臣，每以书画供奉内廷。又设如意馆，制仿前代画院，兼及百工之事。故其时供御器物，雕、组、陶埴，靡不精美，传播寰瀛，称为极盛。

在多能多艺的康熙帝统治下，民生复苏、百工待发。其设立的造办处，成为宫廷用器的摇篮，为日后清式家具的繁荣奠定了基础。而他温婉静雅的审美趣味，也成就了清代宫廷家具中别有英气的一支金曲。

4. 乾隆帝的兴趣

如果说康熙帝柔婉的审美是对明式家具的回味，而乾隆帝却开启了一场宫廷家具的“变革”，雅致而清简的明式家具在这时期变奏为繁缛而厚重的清式家具。

乾隆帝25岁登上皇位，在即位之初，年轻有为的他就开始平讨四方叛乱。在前两代收复的疆域基础上，历经二十载的边疆用兵，逐渐奠定了日后的中国版图。在南征北伐的捷报连连后，国家日渐稳定；生产力经过前两朝的休养生息而有所提高；风调雨顺之下是悄然热闹起来的街市与高度发达的手工业。海内升平、国泰民安，乾隆帝对自己的“丰功伟绩”也十分得意，自称有“十全武功”，自诩为“十全老人”。所谓“十全”，恰是他对自己人生的一种期许，兴趣广泛，追求在各个领域都有所建树，并希望得到众人的称颂与万世的仰望。“十全”，反映出乾隆帝好大喜功的一面。然而，此时分崩离析的危机正暗流涌动。

面对国家“四海宾服、八方宁静”的景象，乾隆帝不再像康熙帝与雍正帝那般“克己”，而是集三代之财富开始享受“乾隆盛世”的荣耀。在执政期间，乾隆帝曾下旨在北京西郊一带建立4座皇家园林，其中仅颐和园改建的清漪园一处就耗资白银448万两。这种奢侈程度与康熙雍正时期的节俭形成了鲜明的对比。不仅如此，追求形式美的乾隆帝不仅要创新，还要“造异”。如何使前朝已有定例的器物显得更符合“盛世”的宏丽，如何令其造价更加昂贵，其关窍恐怕无法避开繁复的工艺、靡奢的用材、缀宝描金这三种方式了。

故宫养心殿东后间靠北窗陈设的紫檀嵌玉云龙纹宝座，是再好不过的例子了。这件宝座不仅由昂贵的紫檀木做框架，还集雕刻、镶嵌与描金为一体；镶嵌之物，既有白玉、碧玉，还有珐琅片；就连座面都是以薄板拼就的卍字锦纹。其“堆砌”之美与造价之昂贵，实令人慨叹良多。

善于创新的乾隆帝，不仅要将金玉嵌在家具当中，连那奇大珍异的灵芝，亦是不能错过。故宫旧藏有一件紫檀边座嵌木灵芝插屏（图128），插屏前面正中央的位置，镶嵌着一枚硕大的灵芝。如此硕大的天然造化，即

图128
清中期 紫檀边座嵌木灵芝插屏
故宫博物院藏

使是那坐拥天下的乾隆帝，也不禁为之叹赏。他在插屏的背面，御题《咏芝》：

> 故土辞山泽，新屏厕几帷。丹青难与绘，雕琢未曾施。
> 相则檀紫称，藉帷茅白宜。质犹盈尺富，岁已数千期。
> 舜代卿云荫，尧年宝露滋。蝉联三秀灿，蟠错万花蕤。
> 底用祥编表，还嗤寿牒披。途中思曳尾，或亦似灵龟。

这千年的灵芝，若神仙幽居深山之间，吸清风、饮晨露；将它置于桌几案边，既充盈天地灵气，又寓意着长寿。翻阅清内务府造办处的档案，乾隆三十八年（1773年）四月曾下旨着作一件类似的木灵芝插屏。“初八日，库长四德、五德来说，太监胡世杰交木苓（灵）芝一件（紫檀木座，佛堂库贮）”。乾隆帝看后下旨道：“着照先做过两面露灵芝插屏一样配做插屏，先做样呈览，其灵芝背后虫蛀处补漆泥子，换下紫檀木座材料用，钦此。”过了不到两周，二十日，四德、五德将木灵芝一件画得正面流云花纹插屏纸样持进交太监胡世杰呈览，并得皇帝旨意“照样准做，钦此”。这件屏风的制造前后历经了半年之久。[6]

在对艺术形式的塑造与审美风尚的推动上，乾隆帝虽不似明熹宗那般躬亲“执矩提斧”，但对宫中的一事一物，大到建筑，小到盒匣，都要亲自过目。乾隆帝在参与家具设计时，充分调动当时各种先进的工艺手法，

[6] 此件屏风“三月初一日五德将木灵芝一件前面做得流云背后素木板插屏木样一座交太监胡世杰呈”，于“九月二十三日库掌四德将木苓（灵）芝一件配得紫檀木插屏一座持进交太监胡世杰呈”。

图129
清中期 孔雀绿地斗彩荷莲纹镂空绣墩
故宫博物院藏

甚至不惜臆变出奇。所谓上有所好下必甚焉，乾隆帝长达六十余载不曾衰退的“创作热情”，令这一时期家具风貌丰硕而多彩。

这件乾隆时期景德镇御窑厂烧造的孔雀绿地斗彩荷莲纹镂空绣墩（图129），集斗彩、黑底描金、镂空、粉彩轧道等多种表现手法于一身。其中轧道粉彩技术，是乾隆早期初创的工艺技法。早在康熙帝时期，瓷胎珐琅的技术就已经为本土工匠所掌握。乾隆帝即位后，同样被西方科学与艺术的光辉所吸引，他汲取了符合自身审美的多种西方艺术元素，命工人们在技术上进行了不断地探索与改良，轧道粉彩便是其中之一。所谓轧道粉彩，是在借鉴瓷胎珐琅技术上而诞生的一种新的釉上彩品种，它成于乾隆早期，是一种极富难度的工艺。制作轧道粉彩时，首先要在瓷器白胎上先拍上一层颜料作为锦地，再在锦地上刻画出细小而精致的纹理（忍冬蔓草纹），最后以花鸟、山水等图案进行彩饰。轧道粉彩具有强烈的立体感，其繁缛的装饰手法，往往能令器物呈现与西方洛可可风异曲同工的艺术效果。图中的绣墩，中心饰以斗彩荷莲纹，周围的花卉则以粉彩轧道而成。这件绣墩浓艳的配色，令其在明清“绣墩大观”格外出众；它以家具的形式，呈现了乾隆时期粉彩艺术“兼糅西方绘画技巧，勾染皴擦，浓淡分明，清新艳丽”之美。[7]

翻阅清内务府造办处档案，几乎每一日都有皇帝的批示。对于乾隆帝来说，参与家具的制作，既是兴趣也是日常生活的一部分。在即位之初，乾隆帝便开始着手将自己的审美趣味融进这庄严的紫禁城中。乾隆元年（1736 年）元月二十日，乾隆帝就曾下旨“做雕花边围屏一架”。在同年四月十五日，太监毛团将画好的纸样呈递上来，皇帝览后下旨：“围屏着做花梨木边柏木心两稍扇周围做柏木绦环，中间空处贴磁青纸，泥金对联，其上下绦环群板俱画彩番花博古。钦此。”可见，乾隆帝在参与“设计”时，是兼顾工艺种类和家具材质的。

当然，乾隆帝也有拿不准的时候。据档案记载，他曾下旨“着做挂屏一件，或雕刻，或镶嵌，先画样呈览准时再做”。不到半个月，七品首领萨木哈便将画的“雕刻镶嵌园景山水纸样”进呈上来。乾隆帝又下旨说：“不必雕刻做，着照样画绢画一张，钦此。”可见，一件家具的设计是要经过反复推敲的。

乾隆帝在登上皇位的头几年，曾频繁下旨对已有的宫殿陈设进行改造。尤其是对养心殿、乾清宫等皇帝常驻的宫殿里的家具，很多都按自己的喜好进行了增设改制。如在乾隆四年（1739年），他下旨：

> 养心殿后殿明间正宝座靠背垫子改做楠木，有抽屉三屏风与现陈设有抽屉楠木格合为一势，再东二间内现贴之吉祥如意字一张横披（批）一张对字一副，现挂挑山画一张，将吉祥如意字做一块玉壁子一件横披画做锦边挂屏一件，对字做一块，玉挂对一幅，其挑山画上锦云换做紫檀木画云，西二间内现贴之画二张，亦做一块玉挂屏二件，挡门玻璃镜插屏一件改做硬木边二面玻璃镜插屏一件。先画样呈览准时再做后殿五间内挂灯圈子俱各镀银。

康熙时期的养心殿，不仅仅作为皇帝的宴息之地，还是宫廷造办处所在。而从雍正帝开始，养心殿成为大清皇帝的寝宫，皇帝也常在此接见大臣、处理政务。乾隆帝着手于身边的一物一器，力使它们赏心悦目。

康熙帝对于艺术多是欣赏，其宽简的执政风格，令这一时期的家具更多保有“纯味”。而乾隆帝对艺术的态度更类似于爱好，当痴迷到忘

[7] 轧道粉彩又有“锦上添花”及“耙花”之称。详见王亚民、王莉英主编《中国古陶瓷研究》，紫禁城出版社，2008年。

情时，其玩味的程度常超出欣赏的尺度。不论是宋官窑瓷器，还是历代名人字画，只要得到他的青睐，便会被赋予钤印和御笔，或题写，或铭刻。

王羲之与王献之的作品，自古便是帝王家的爱物，乾隆帝亦不例外。在王羲之的《快雪时晴帖》、王献之的《中秋帖》上，乾隆帝的印章将法帖“挤”得满满的，题字几乎逾越至笔帖之外。用器也如是。不论是宋代汝窑天青水仙壶，还是当朝新做的各式家具，都烙印着乾隆帝自傲的痕迹。遍及各类用具之上的御笔与题诗，集各种文化背景和艺术元素于一身的特点，成了乾隆帝眼中器物的“十全”与圆满，如这件紫檀边座山水屏风（图130），中间是乾隆帝的御笔题诗，两侧是董邦达的山水画。这首《雨》诗作于乾隆二十六年（1761年），乾隆帝惦念其母而作，诗云：

一夜喜晴月，五更山吐云。

固知热所致，其奈雨偏闻。

那觉溟蒙好，惟希叆叇分。

石梁纵坦治，无乃大安勤。

辛巳七月二十八日 雨一首

在屏风最外侧的屏心上，是一副对联，上联为“清音出泉壑”，下联为“余事赏岩斋”。座屏的正面是色调淡雅的文人字画，背面饰有风格典重的金漆山水。一件屏风两种气质，有书亦有画，体现了乾隆帝求“全”的心态。

与康熙帝对董其昌的拥戴不同，乾隆帝更喜赵孟頫的书画作品。赵孟頫书法的秀润华滋，外柔内劲，在一定程度上反映了乾隆帝对于传统美的接纳与审美取向。如果说康熙时期的家具有着董其昌书法艺术的“疏淡和雅”的意态美，那么乾隆时期的家具，则是建立在赵孟頫圆润的艺术风格之上，并进一步走向了壮大与奇丽，展现的是一种富贵雍容甚至繁复的技艺美。

乾隆时期的家具，流露出的审美趣味往往不是清朴的，有时可用凝重来形容。宁寿宫是乾隆帝为自己兴建的养老之所，其中符望阁所藏的紫檀漆面嵌珐琅西番莲纹长桌，独具特色：色彩浓艳的珐琅镶嵌在基调凝重的

图130
清中期 紫檀边座山水屏风
故宫博物院藏

紫檀之上，富有曲线美的西番莲纹贴附在垂立挺直的四条腿足上。融合两种风格相悖的元素于一体，“奇”趣自出。

清代中期，西方的艺术随着传教士和西洋钟漂洋过海而来。康熙时期的家具，虽然也多少受到外来文化的影响，却未能覆盖明式家具审美的主要格调。而乾隆时期的家具，则与乾隆帝求“全”之心互为表里。这些家具上或有明式家具的装饰手法，或有巴洛克风的华丽恢宏气势，或有洛可可风的纤弱繁琐的细节，或有中国传统意象的附会，或是常作中西方元素的杂糅。这种艺术风格充满“工巧”与“西化”的味道，是清式家具尤其是清式宫廷家具的一大特色。如这件紫檀嵌黄杨木花卉纹宝座（图131），围子上镶嵌着黄杨木雕卷草及螺壳等花卉纹，中间搭脑雕作狮首造型，是十分典型的西洋纹饰。然而在狮首两侧，却是两条相对的夔龙，其中夔龙的造型也有一定程度的西化，少了张力，多了柔曲。

在乾隆帝执政后的第38年，国家已鲜有外扰，于是他开始了对内的大型整饬。追求“十全十美”的乾隆帝开始以修书为名，命人四处寻访古籍，并开设了四库全书馆。在乾隆三十九年（1774年），乾隆帝下令修建藏书楼，即后来的皇家藏书楼——文渊阁。

文渊阁并不仅仅是一栋藏书楼，而是由风格和谐的园林、建筑与家具共同组成的整体。走过前面的文华殿，映入眼帘的是一组结合了江南园林景观之灵秀与皇家建筑之整肃的建筑群，它有着黑色琉璃的瓦顶与绿色琉璃的瓦剪边。在文渊阁后，是玲珑的重石与青葱的草木。走进文渊阁明间，便能看到乾隆帝御题的对联：

荟萃得殊观象阐先天生一，

静深知有本理赅太极涵三。

在明间正中央，是宝座、屏风与桌案。其中紫檀木的屏风上，以清莹的蓝为底色，上面镶嵌由鸡翅木雕刻而成的人物与山水，意境清远祥和。在山水前，自然是要放置一件能够与之相映成趣的宝座（图132）。文渊阁的宝座不同于其他宫殿中或罩金描彩或雕缋满眼，这里的宝座沾染了书香气。宝座的造型没有清式宫廷家具的浮夸，只是在细节上含蓄地透露着工巧。五屏式的围子上，以各色雕琢精美的宝玉拼成气质典雅的花卉与枝叶；座面则采用攒框结构，中间镶着清凉席。宝座与屏风相互衬托，更显这里的幽静。最前面的供案为桌式结构，将它置于宝座前陈设，这种布局在紫禁城中并不常见。

在以乾隆时期为代表的清中期的宫廷家具上，依旧留有清人复古的情怀。与清早期家具遗留的明式风雅不同，这些家具多从夏商周至秦汉时期的器物器型上寻找灵感。故宫藏有一件仿古铜鼎式桌（图133），这件桌子造型复古而凝重，桌面下采用了束腰的形式，并饰有回纹及夔龙纹；桌的四条腿外撇，上面出奇地起着排列规整的脊。在它的身上，可以看到上古艺术的抽象与满族皇帝眼中的美。

图131

清中期 紫檀嵌黄杨木花卉纹宝座

故宫博物院藏

图132

清中期 紫檀嵌玉花卉纹宝座

故宫博物院藏

图133
清中期 仿古铜鼎式桌
故宫博物院藏

这件宫中旧藏的紫檀边座嵌铜镜插屏（图134），作于乾隆丙申年间，是清中期复古思潮下的典型作品。紫檀木是最具有清式家具代表性的木材之一，其上辅有一枚古朴的铜镜，暗紫红的凝重与斑驳的灰绿碰撞在一起，营造出十分庄严的氛围。上面阴刻描金有乾隆帝御笔题词：

纯素大鼻汉镜，式规圜，其径逾一尺，吉盒背弗事雕几海马、蒲萄，袪藻饰。千年出土青绿湛，香奁谁用未可识。抑为斑乎伴纨扇，辞辇深宫耀芳则。抑为燕乎啄王孙，争艳树涂妒合德。由来一例照蛾眉，贤否天渊彼自隔。镜乎镜乎付不知，岂待妍媸对颜色。乾隆丙申春御题。

当然，乾隆帝认定为汉代的这枚铜镜，经过今人的鉴定并非来自汉代，实为明人仿造。想来这真相或许会令九泉之下的乾隆帝颇为尴尬。但站在今天的角度，千年不足、百年有余，它也已是一枚实至名归的文物了。在这件紫檀插屏中，住着汉代魂、明人梦、满洲情。

在漫长的执政岁月里，乾隆帝始终在“追奇寻巧”的路上漫漫求索。在他的引领下，清代的家具开始从“传神”走向“炼形”，风格上从简雅走向繁琐，最终形成了与明式家具大相径庭的一种艺术风尚——以凝重代婉约，以壮大代娇俏，以华贵代清素，以缛丽代简雅。

图134

清中期 紫檀边座嵌铜镜插屏

故宫博物院藏

二、宫廷家具的神性与人情

1. 宗教与祭礼家具

宫廷家具是宫廷文化的载体，它的风格与样式常常反映着统治阶级的信仰，它的使用功能与陈设方式体现着生产力的水平以及文明的形态。在西周礼乐文明的笼罩下，它呈现的是庄严肃穆的风格与周正规矩的造型；在战国时期巫觋盛行的楚地，它又成就了一时诡谲而多变、灵动而洒逸的艺术风尚。创建清朝的女真人，不同于信奉儒释道的汉人，他们世代信奉萨满教。在这种具有宗教色彩与统治者的神权相结合的清代，成就了那红墙内的一段神秘历史。

沈阳故宫的核心清宁宫，在布局上体现着满族人的生活习惯及宗教信仰。清宁宫内的院落和宫殿，建筑在人工夯土高台之上，这种择高住屋的习俗大约是女真族人原始生活习俗的延续。在这种居住观念的影响下，入关后的顺治帝与康熙帝，曾一度将房基较高的保和殿作为寝宫。高与低，自古便暗含着地位的尊卑，受汉文化影响的女真人在建立清朝之时，亦根据使用者的身份地位，从礼制上限定了房基的使用规格。在顺治元年（1644年）三月，还未入关的顺治帝便制定了和硕亲王以下、庶民以上的造屋筑基制度："和硕亲王、多罗郡王、多罗贝勒照例台上造屋五座；固山贝子、镇国公、辅国公屋基高二尺；超品一等公以下、庶民以上，屋基高一尺。违者罪之。"[8]顺治帝在进入京城后，于顺治元年十月再次"定摄政王冠服宫室之制……房基高十四尺，楼三层，覆以绿瓦，脊及四边俱用金黄瓦"，同时"定诸王贝勒贝子公等冠服宫室之制……诸亲王郡王房

[8]《清世祖实录》卷三"顺治元年三月戊申"。

基照旧，脊瓦俱用绿”。与建筑高度相一致的是家具的体量，在故宫外朝三大殿中，有着故宫之内最为伟岸的宝座，而在坤宁宫中有着最高的橱柜。

将最高的橱柜置于坤宁宫中，自是有一番原因。萨满教是一种历史悠久的宗教。它随着满洲入关，从草原来到紫禁城中。在今天的故宫中，清人举办萨满仪式的遗迹散落在不同的角落里。其中最具代表性的祭祀场所，当数举世闻名的坤宁宫了。乾清宫、交泰殿、坤宁宫是故宫中最为核心的三殿。在明代，乾清宫是皇帝的寝殿，坤宁宫是皇后的居所，因在汉文化里，乾坤为天地，与之对应的自是人中龙凤的皇帝与皇后。两殿当中的交泰殿取名自《周易》中泰卦的象词“天地交，泰”，它寓意“天地交合、康泰美满”。然而随着李自成攻克京城，明朝末代皇帝崇祯的皇后周皇后在此殿的陨落、马背上民族的到来、萨满教的传入，坤宁宫与乾清宫的实际功能都发生了巨大的转变。其中乾清宫在康熙以后，成为清代皇帝御门听政的场所；坤宁宫经改造后，成为祭神的地方；交泰殿则自乾隆帝开始，成为储印的场所。

改造后的坤宁宫，呈现出满族人的风俗与习惯。与满族人的居住习惯相一致，坤宁宫的正门并不在中间，而是偏东一些，这种结构名为“口袋房”，沈阳清宁宫亦采用这种结构。在坤宁宫的西暖阁内，北、西、南三面设有大炕，这个形式的原型是沈阳故宫清宁宫西间的布局，在当地，这种形式也被称作“万字炕”。西炕夹在北炕与南炕之间，因靠着山墙又被称作顺山炕。顺山炕通常较窄，清宁宫西侧的炕与坤宁宫西暖阁西面炕均不作为坐卧的场所，而是一个祭祀的空间。在过去满族人的家中，西面的墙上通常设有架子，在隔板上放置祭祖的用具，如祖宗匣子、族谱、索绳和神偶等物品。清宁宫与坤宁宫都采取了这种形式。清宁宫的西山墙上设有家祭的神架，坤宁宫西暖阁的顺山炕上，则供奉着佛亭神像及供案，并设有杀猪之俎案以及煮胙肉的大锅灶[9]。

坤宁宫的祭祀活动十分频繁，宽阔的明间成为祭祀举行最为重要的场所。“清代将坤宁宫祭神祭天视为大典，每日朝夕祭之，每月朔日大祭之、吉日求福祭之、春秋立杆大祭之，并以食三品俸女官司其事”。[10]在

[9] 详见杜家骥撰：《从清代的宫中祭祀和堂子祭祀看萨满教》及朴玉顺、陈伯超撰：《清宁宫——满族民居式的皇帝寝宫》。

[10] 傅连仲：《坤宁宫》，《紫禁城》2020年02期。

这些仪式中，朝祭与夕祭是最为日常的仪式，坤宁宫中大多数的陈设都与此相关。

朝祭与夕祭，顾名思义，是在早晚举行的。朝祭与夕祭所祭祀的对象并不相同，据《钦定满洲祭神祭天典礼》卷一记载："凡朝祭之神，皆系恭祀佛、菩萨、关帝。惟夕祭之神，则各姓微有不同。原其祭祀所由，盖以各尽诚敬，以溯本源，或受山川神灵显佑默相之恩而报祭之也。"在室内的布局上，朝祭的对象佛与菩萨设供在西方，而夕祭的对象为满人的传统神灵，来自东北，故设祭于北面。

据《钦定满洲祭神祭天典礼》卷二记载：

> 坤宁宫祭朝祭神，预将镶红片金黄缎神幔用黄棉线绳穿系其上，悬挂西山墙所钉之雕龙头髹金红漆三角架。

将供佛的髹金小亭连座奉安在南边，先打开亭门，而后在神幔上依次悬挂菩萨像及关帝像。在大炕上设"红漆大低桌"两个，桌上面放置香碟、净水等物，"北首炕沿前铺黄花红毡，设司祝叩头小低桌"。在中间屋内的地上，由司俎和太监等预设油厚高丽纸两张，并进包锡红漆大桌两张。如遇皇帝亲自来行礼，司香便将司祝叩头小桌移至他处；若未亲临朝祭，在司祝叩头结束后，司香会将供佛小亭门关上，将菩萨像收起，将关帝像移位，这时开始清宫萨满教祭祀中所谓"使唤猪祭"的仪式。在这个过程中，要用到包锡大桌两张来盛放祭祀用的猪，在西炕前设红漆长高桌，并在其上列接血木槽盆。当猪肉煮熟后，还要细切胙肉一碗、设箸一双，供于炕上大低桌正中。在今天故宫的藏品中，只发现了一张包锡红漆大桌，大抵是因为辛亥革命以后，献祭的牺牲改为一只猪的缘故（图135）。[11]

根据《钦定满洲祭神祭天典礼》卷二祭仪的记载，在夕祭开始前，要将"镶红片金青缎神幔系于黑漆架上，用黄色皮条穿大小铃七枚系桦木杆梢，悬于架梁之西。穆哩罕神，自西按序安奉架上，画象神安奉于神幔正中，设蒙古神座于左，皆于北炕南向。炕上设红漆大低桌二桌"。夕祭与朝祭不同，在进猪前要进行跳神之舞，跳神之后如朝祭一样为省牲、献胙肉。此后，还要进行"背灯祭"。这个仪式比较特殊，它全程是在黑暗中进行的，并且在仪式开始前，除了萨满和击鼓的太监，屋内之人都要退

[11] 胡德生先生认为：此件长方桌陈设于坤宁宫中，在皇帝举行祭祀活动时，用于摆放祭祀道具。

图135
故宫坤宁宫祭神处

出。在屋内，太监击鼓，萨满摇铃祝祷，礼毕后室内复明，“撤祭肉送交膳房，恭请佛、菩萨像并二香碟仍安奉西楹原位”。收起神幔后，将夕祭神画像与蒙古神穆哩罕神“俱恭贮红漆匣内，安奉于北墙绘画黑漆抽屉桌上”。[12]

若说坤宁宫举行的仪式更多体现的是一种神权，那么祭祀先祖的仪式则可谓是人情的生发。寿皇殿是故宫北面景山的一组建筑。它原供奉康熙“神御”，之后成为供奉清代历朝皇帝神像的地方。在乾隆帝登基伊始，他便对寿皇殿进行了翻新。据乾隆元年（1736年）六月清宫内务府造办处木作档案的记载，内大臣海望曾传乾隆帝圣旨：“寿皇殿前殿内着安壁子，将后殿圣像请入前殿，后殿俟样呈览，准时再做。记此。”欲将后殿进行改造，便先将圣象移至前殿。八月初十日，内大臣海望又一次奉上谕“寿皇殿东间单供一香炉似属款式不合，尔再相其地方或照奉先殿所供之矮案并香炉香靠如若合式，先画样呈览。钦此”，并称“寿皇殿两稍间内，（臣）欲对面安书格以备供设世宗宪皇帝陈设之物，奉旨准奏。钦此”。大清世宗宪皇帝，即乾隆帝的父亲雍正帝。

[12] 据朱家溍先生考察，蒙古神为两个绸制偶像，可定名为喀屯帶延。在夕祭神位绘花黑漆抽屉桌中遗留的那幅画轴，大抵便是文献记载的“画像神”。画中有7位端坐在椅上的女子，其上有两只飞鹊，其下有衣着清代服饰的供养人。她们应是夕祭祝辞中的“纳丹岱珲”神，即“七星之祀”。详见朱家溍《坤宁宫原状陈列的布置》一文。

乾隆帝对父亲的遗物谨慎供奉，对祖宗的圣像恭敬奉祀，其不仅仅出于祭祖的礼仪文化，同时还蕴含着他对祖、父的一种深厚的感情。

十天之后，“八月二十日画得寿皇殿中间东间供设矮案香靠，东西稍间内安设书格样一张，呈览”。在乾隆帝阅后批准的同一天，海望奏曰：

（臣）遵旨修饰寿皇殿，交钦天监会同员外郎洪文澜择得本月二十五日谨用辰时，恭请圣像宝塔于前殿供奉。是时开工兴修吉。至日，（臣）率领官员前往，恭请圣像宝塔于前殿供奉，每日照常焚香，供献饽饽桌张，其大案毋庸供设。至监修官，今拟派郎中桑格，员外郎申琦、司库刘山久，敬谨监修，俟工竣之日，令钦天监选吉期。

可见，即使在修缮期间，对圣像的供奉亦不曾停止。其中盛放贡品的饽饽桌，有时也称为饽饽案，是清朝大小宴会、祭祀场合中常见的用来承贡品的家具。饽饽，是满族人的一种特色糕点。饽饽桌或饽饽案之名的由来，或许原指就是这些盛放饽饽等糕点类贡品的桌案，后来成为一种习惯而独立成为名词，常见于清代的各类文献中。

在乾隆元年这次的翻修中，许多藏于他处的珍品被转移至此，其中不乏圆明园的古董文玩。

于本年十月二十三日，司库刘山久来说，太监毛团交画手卷一百八十卷，字手卷一百二十卷，画册页五十六册，字册页四十四册，圆明园古玩内选出古玩一百十三件，传旨着送往寿皇殿内敬谨供奉。钦此。

于本年十月二十六日司库刘山久来说，太团（太监毛团）交楞严经一部（计两套），心经一套，传旨送赴寿皇殿供奉。钦此。

于本年十月二十六日司库刘山久来说，太监毛团传将圆明园送来黑漆画金书格一对，画得纸样一张，持进交太监毛团呈览。奉旨着送往寿皇殿供奉。钦此。

历经近半年的修缮，在乾隆元年十一月二十日，寿皇殿工程终于告竣。然而，此后对细小之处的完善，却陆陆续续地进行着。

（乾隆元年十一月）二十三日将做得供花四束、红瓶两件，柏唐阿拴住交首领吉文领去讫。

于本月二十五日司库刘山久带领匠役糊饰得寿皇殿五间，并做得香炉香靠一分，图塞尔根桌一张，书板槅扇上饰件等，俱供奉安装讫。

于乾隆二年二月初四日内大臣海望交太监毛团高玉传旨着照寿皇殿供奉之塔式样成造塔一座供在寿皇殿东间龛内。钦此。

于乾隆二年二月二十一日太监高玉传旨朕从前降旨与海望着照寿皇殿宝塔式样成做宝塔一座中间供佛，今此塔内不必供佛，即敬贮世宗宪皇帝发甲供奉在寿皇殿东间龛内。其嗣所降之谕旨着造敬贮发甲之龛，不必成造。钦此。[13]

在不断地调整中，比如宝塔式样宝座，在乾隆元年（1736年）的活计档中记录为中间供佛，在乾隆二年（1737年）则改贮雍正帝的发甲。上述活计档中值得注意的是，其中提到一种名为“图塞尔根”的桌。雍正十三年（1735年）三月八日，雍正帝曾下旨“恩佑寺、寿皇殿着做黄填漆铜镀金包角图塞尔根桌二张，再佛城做红漆铜镀金包角图塞尔根桌一张”，这种桌在清代汉文文献中不太常见，考察其名，应是音译自满语“tusergen”，词义为“筵席旁放钟、碟的高桌”。但在实际用途上，图塞尔根桌不仅仅是筵席专用，如上面提到的恩佑寺，就是荐福的场所。

佛教是清代贵族的另一大信仰。如在坤宁宫举办的朝祭与夕祭，都要奉祀佛和菩萨。藏传佛教在清代占据着十分重要的地位，仅在故宫便有十余处佛堂。在内务府造办处的档案中，就有多处记载。如在乾隆元年元月二十日：

旨着将重华宫东佛堂现供佛龛另进深浅些，起高一尺扫金五彩楠木重檐龛一座，随供桌供柜添香几一件，西佛堂供桌小些，另换一张，亦添圆香几一件，龛内添供桌一张，龛门上安黄纱帘一件，三层殿内安落地罩一槽，再做雕花边围屏一架，钦此。[14]

在今天的故宫中，也依旧能够看到供奉佛像的各式家具。这类家具大多做工精美，体现着供养人的一片诚心，如这件彩漆折枝花卉纹佛橱柜（图136），今陈设在坤宁宫北炕西侧。橱柜的设色典雅大方，一洗清宫廷

[13] 参见中国第一历史档案馆、香港中文大学文物馆合编：《清宫内务府造办处档案总汇7》，页79–82，人民出版社，2005年。

[14] 参见中国第一历史档案馆、香港中文大学文物馆合编：《清宫内务府造办处档案总汇7》，页58，人民出版社，2005年。

图136
清中期 彩漆折枝花卉纹佛橱柜
故宫博物院藏

家具的繁缛富丽，色素而雅，纹简而恰，着实是这时期宫廷家具中的一股清流。

2. 指点江山与皇家气象

诞生在帝王之家，看似是一种幸运，却又往往酿成莫大的悲哀；不论男女，自呱呱落地起，便注定要面对与众不同的人生。或深谋远虑日后称帝，或机关算尽丧失自由；或嫁与权臣贵戚沦为政治棋子，或和亲塞外边关为国家牺牲。总之，光环之下，都会是身不由己的一生。

在锦衣玉食的背后，一国之君所面临的是十面埋伏的领土侵扰，是危机四伏的藩王诸侯，是暗流涌动的权臣宦官，还是那无处不在的责任与风险。分分秒秒如履薄冰的举步维艰，是日理万机的心念江山社稷。尽管这天下，尽是皇帝的囊中之物，但在这瞬息万变的紫禁城中，却没有哪个地方是永远属于皇帝自身的。那见证成长的地方，那目睹登基的地方，那聆听每个长夜的地方，那群臣朝拜的地方，都曾拉着他斜长的影，随日出日落连接着各个宫殿：那一步步、一宫宫、一年年，都成就了故宫内荡气回肠的百年回响。

太和殿、中和殿、保和殿是紫禁城外廷三大殿，这三座宏丽壮观的建筑，是整个紫禁城内建筑群的核心。其中太和殿亦称金銮殿，从体量上看，是故宫中占地面积最大的建筑；从装饰与陈设来说，是中国古建筑中等级最高的宫殿。其檐牙岔脊上分别屹立着10只神兽，它们共同象征着皇家至高无上的地位与权力。太和殿的梁枋上是唯皇家是用的金龙和玺彩画，室内饰以瑰丽的龙井天花，就连门窗上的接榫处都使用镌刻着龙纹的鎏金合页。家喻户晓的金銮殿（图137），名副其实，何其金碧辉煌。

与其富丽的装饰相匹配的，是同样庄严华贵的室内陈设。在太和殿明间的宝座之位，一张极其奢华的金漆镂雕云龙纹宝座矗立在须弥式宝座高台之上。这件宝座四面开光，13条金龙攀飞于椅圈上。宝座前方是与之风格一致的脚踏。脚踏除上表面外，几乎每个角落都布满雕镂，就连脚踏的束腰上都嵌有红绿色宝石若干。在宝座的正后方，是一面辉宏堂皇的7扇式金丝楠木金漆屏风，在屏风正中央，是一条巨龙怒目探出，令人敬畏。宝座的两侧置有两只高几，上面各立一只碧玉嵌珐琅大象，这两只温驯的“象”又被称作“太平有象”，在古人看来，它寓意着国泰民安。此外，两侧还各陈设有仙鹤烛台、珐琅甪台、垂恩香筒和珐琅象首三足鼎。在宝座的上方，悬挂有一枚轩辕镜，象征明镜高悬，寓意公正廉洁。之所以如此辉煌富丽以至人称之为金銮殿，这与它的职能是密切相关的。太和殿是明清两代举行国朝大典的场所，明清两代的皇帝都要在太和殿举行登基大礼。这注定了它的装饰风格要雄伟壮观，唯我独尊。它的陈设与布局，要展现皇家不可一世的威严：“普天之下，莫非王土；率土之滨，莫非王臣。”除了见证新皇帝的登基，太和殿在每年的元旦、冬至与万圣节，还要举行大朝礼仪。

今天太和殿的原型为明代的奉天殿与皇极殿。奉天殿，由明永乐皇帝命名，取自《尚书·泰誓》中“惟天惠民，惟辟奉天”的“奉天”二字，意即要效法上天恩泽百姓。然而奉天殿建成不久便遭遇火灾，于是在正统五年（1440年），明英宗又重修奉天殿。不幸的是，在嘉靖三十六年（1557年）

图137
故宫太和殿宝座陈设空间

四月，奉天殿再次遭遇火灾。嘉靖帝虽于同年敕命重建，但此时的规模已大不如前。嘉靖四十一年（1562年），嘉靖帝改三大殿名称，命名新建的原奉天殿为皇极殿，取《尚书·洪范》“皇建其有极”之意，即强调由皇帝来建立天下至高的法则。据今人研究，奉天殿的占地面积是今天太和殿占地面积的2.6倍。然而遗憾的是当年奉天殿的具体情况已难以悉知，但从一些明末清初人的文献记载中，还能一窥皇极殿当年的风采。如清孙承泽著《春明梦余录》中载：

洪武鼎建初名也，累朝相沿，至嘉靖四十一年改名皇极殿，制九间，中为宝座，座旁列镇器。座前为帘，帘以铜为丝，黄绳系之。帘下为毡，毡尽处设乐殿，两壁列大龙橱八，相传中贮三代鼎彝。橱上皆大理石屏。

今天我们所熟知的太和殿，是由清代入关后的第一位皇帝顺治帝所命名的。一直以来命运多舛的太和殿，在清康熙十八年（1679年）再次遭遇火灾，又于康熙三十四年（1695年）重建。这次重建延续了嘉靖重建皇极殿的体量和规模，并在两侧改装防火墙，此后，太和殿未再经历毁灭性的火灾。在清朝早期，太和殿曾一度成为殿试的场所，从乾隆五十四年（1789年）开始，殿试场所改在保和殿举行，但殿试传胪及宣布殿试结果的仪式，仍在太和殿举行。近些年来，工作人员在重修宫殿之际，在太和殿顶棚内发现了5个符牌，它们分别被供奉在东、南、西、北、中5个方位。这套镇殿符牌的重见天日，为今人深入了解清代皇家宗教信仰提供了更为全面的认识。

乾清宫是故宫中最为知名的一个宫殿，它与坤宁宫遥相对应，分别象征着天与地。其巍峨雄壮，内殿庄重肃穆。殿内上悬一块匾额，大书“正大光明”4字。这4字来自宋代理学家朱熹在其《朱文公文集·卷三十八·答周益公》中一句话：“至若范公之心，则其正大光明，固无宿怨，而惓惓之义，实在国家。”此匾由顺治皇帝题写。想必这里面寄寓的不仅仅是顺治帝对自己的要求，还有他对子孙万代与祖国江山的美好祝愿。

乾清宫的明间在陈设格局上，与其他宫殿明间并无太大差异，同样是以宝座为核心进行铺陈。从故宫博物院现藏道光、光绪、宣统年的明殿陈设档案来看，清代中期以后乾清宫明间的陈设并未有太大的变化。今天乾清宫明间的陈列也大致保留着清中晚期时的样子。

> 明殿地平一分；金漆五屏风九龙宝座一分；紫檀木嵌玉三块如意一柄（黄线穗，珊瑚豆二个）；红雕漆痰盆一件；玻璃四方容镜一面；痒痒挠一把；铜掐丝珐琅角端一对（紫檀木香几座）；铜掐丝珐琅垂恩香筒一对（紫檀木座）；铜掐丝珐琅仙鹤一对（珐琅座）；古铜甗四个（紫檀木金漆香几座）；铜掐丝珐琅圆火盆一对；紫檀木大案一对。上设：《古今图书集成》五百二十套（计五千零二十本）；天球地球一对（紫檀木座）；铜掐丝珐琅鱼缸一对（紫檀木座）；铜掐丝珐琅满堂红戳灯二对。紫檀木案一张。上设：周蟠夔鼎一件（紫檀木座紫檀木盖玉顶）；铜掐丝珐琅兽面双环尊一件（紫檀木座）；青花白地半壁宝月瓶一件（紫檀木座）；《皇舆全图》八套（《皇舆全览》一套）；《国朝宫史》四套。紫檀木案二张。上设：《皇朝礼器图》二十四匣（计九十二册）。红金漆马扎宝座一件。引见楠木宝座一张。上设：红雕漆痰盆一件；玻璃四方容镜一面；青玉靶回子刀一把（红皮鞘）。引见小

床二张；图丝根一张；栽绒毯子一块；《国朝宫史》一部十四套。[15]

档案中所提到的“图丝根”，即是上文坤宁宫部分出现过的“图塞尔根桌”。因音译笔录的误差，有时又被记录为“涂塞尔根”、[16]“途塞尔根”、[17]“图塞勒根”[18]及“图思尔根”。[19]乾清宫与坤宁宫相对，曾经一度是明代皇帝的寝宫。在清代，乾清宫的明殿是举办皇家宴会的重要场所，逢年过节，皇帝均会在此举办家宴。上述陈设仅仅是乾清宫明殿的日常陈设，凡在宴会前夕，乾清宫的明殿布局还会稍作调整，添置家具和器物（图138）。

年节安设：青汉玉挂壁一件（紫檀木架）；铜胎珐琅四方瓶一对；铜胎珐琅双管尊一对；玻璃花一对。年节及寻常铺设：黄氆氇坐褥四件（内有套一件）；衣素小坐褥二件；铜胎掐丝珐琅八方亭式火盆一对（紫檀木座）；棕竹股扇子一柄；御笔墨刻匾一面；御笔对二副；红心白毡垫九十五块。[20]

清代早期的皇帝也曾居于此宫殿内，并在乾清宫的东、西暖阁内批阅奏章，召见大臣。如康熙五十六年（1717年）《大清圣祖仁皇帝实录》卷二七五载：

上（康熙帝）御乾清宫东暖阁，召诸皇子及满汉大学士、学士、九卿、詹事、科道等入。

即使是在雍正帝移居养心殿后，乾清宫东暖阁与西暖阁仍在一定程度上沿袭了召见大臣的功能。如在乾隆元年秋天，“上（乾隆帝）御乾清宫西暖阁。召入总理事务王大臣九卿等……”[21]

乾清宫东、西暖阁作为皇帝常御之地，其陈设十分讲究，现引《乾清宫东暖阁炕上陈设档》中所录嘉庆十一年（1806年）三月十一日立的记载为例，一窥当年乾清宫东暖阁一层的大体风景：

东暖阁炕宝座上设：紫檀木嵌玉三块如意一柄；红雕漆痰盆一件；玻璃四方容镜一面；痒痒挠一把；青玉靶回子刀一把。左边设：紫檀木桌一张。上设：御制开惑论一匣青玉片八页；御制盛京赋一匣青玉片八页；御书九符一匣青玉片十三页；凉砚一方；铜镀金松花石暖砚一方；青玉出戟四方盖瓶一件；五彩磁白地蒜头瓶一件；周匏壶一件；竹根笔

[15]故宫博物院现有《乾清宫明殿现设档案》共3件。一为道光十五年七月十一日立，一为光绪元年十一月初七日立，一为光绪二年三月初四日立。此处所引为道光十五年七月十一日所立《乾清宫明殿现设档案》。

[16]此名见于“雍正六年六月木作活计档”，《清宫内务府造办处档案总汇13》，页189，人民出版社，2005年。

[17]此名见于“雍正八年四月木作活计档”，详见《清宫内务府造办处档案总汇4》，页451，人民出版社，2005年。

[18]此名见于“乾隆二年七月木作活计档”，详见《清宫内务府造办处档案总汇7》，页658，人民出版社，2005年。

[19]此名见于“乾隆十年七月木作活计档”，详见《清宫内务府造办处档案总汇13》，页299，人民出版社，2005年。

[20]此处所引为光绪元年十一月初七日立《乾清宫明殿现设档案》。

[21]《大清高宗纯皇帝实录》卷二二，第一历史档案馆藏。

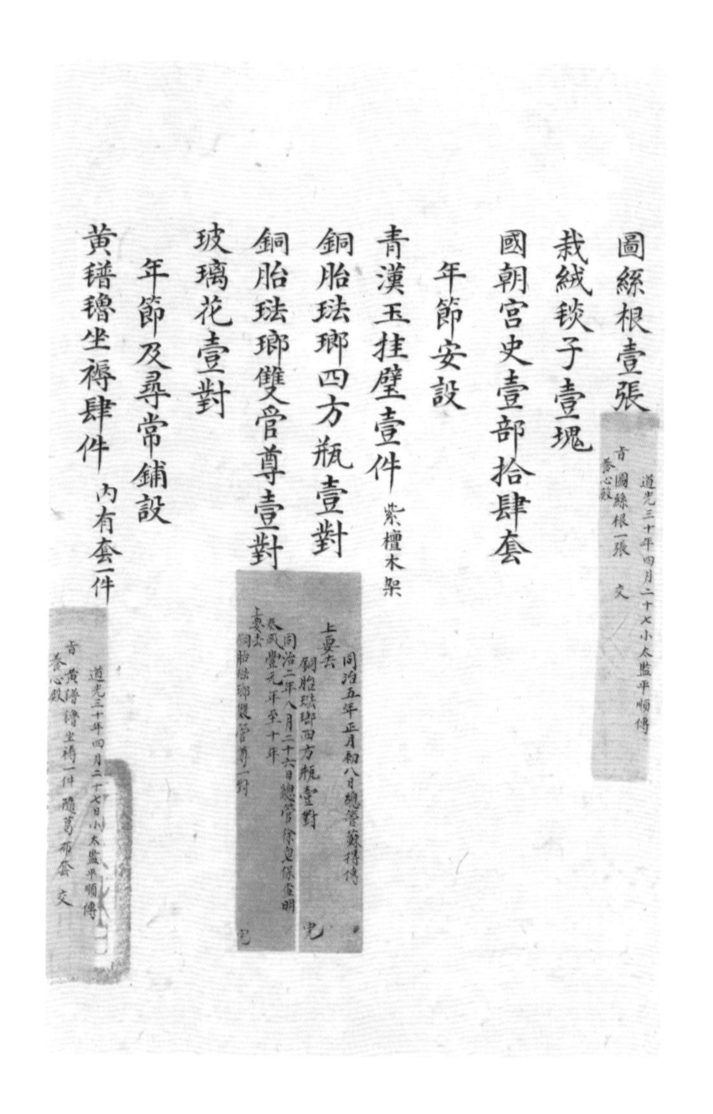

图138
《陈设档道光十五年七月十一日》（局部）

筒一件；青玉墨床一件；青玉子母狮子一件；青玉水盛一件；御制洛叶诗六十八册；御笔南巡记青玉片十页。右边设：描金黑洋漆小桌一张。上设：御制西师诗青玉片八页；御制平定回部告成太学碑文青玉片八页；铜掐丝珐琅炉瓶盒托盘一分；铜掐丝珐琅香插一件；定磁平足洗一件；铜掐丝珐琅冠架瓶一件；紫檀木边四方玻璃大挂镜一面；御制南郊诗手卷六卷。紫檀木箱一件。上设：御制平定两金川告成太学碑文青玉片十页；御制用白居易新乐府成五十章并效其体诗青玉片十页；御制补咏战胜廓尔喀之图序青玉片八页；御制平定廓尔喀十五功臣图赞序青玉片八页。紫檀木箱一对；五体清文鉴六套；紫檀木箱一对；西清古鉴四套；紫檀木箱一对；西清续鉴二套。地下设：御笔字挂屏一件；铜掐丝珐琅四方火盆一件；玉瓮一件。[22]

除上述家具陈设外，东西暖阁内又各有书格。在嘉庆十二年（1807年）二月初五日，嘉庆帝认为"乾清宫东暖阁内，向亦安设书格，与西暖阁规制相同，东暖阁位次居尊，自应恭奉五朝实录圣训"[23]，并令人择吉日将圣训实录移贮至东暖阁内。通过所陈物品，可见东西暖阁的精心布置呈现的不只是皇帝生活的原貌，还有对大清皇帝所铸功名的铭记。值得注意的是，盛放这些丝纶玉册的包装，亦多为紫檀木匣箱，与遍布东暖阁内的紫檀家具融为一体。

乾清宫之外是乾清门，这里曾是康熙帝御门听政之处。在乾清门前西侧还有一个充满神秘色彩的地方，这便是军机处（图139）。军机处成立于雍正时期，其军机大臣并不指认专人上任，而是从大学士、尚书、侍郎以及亲贵中指定充任，在差役的调遣上也是十分谨慎小心。据说为防止泄密，此处洒扫庭除、端茶倒水的差役，均为年龄较小且不识字的儿童。军机大臣办公的地方称为军机值房，军机值房在后檐墙与宫墙上开有小门，仅能容许一人通行。军机处内部朴素得略显简陋，一扫皇宫内的雕梁画栋，内部家具一应采用榆木制作，一改皇宫内司空见惯的错彩镂金。北墙一侧炕上，仅置一张简洁的小炕桌。炕下设有同样简单的脚踏。在东墙一侧有两只简洁优雅的明式椅与方桌一张，方桌上整齐地摆放着纸墨笔砚。南墙上挂雍正帝御题的"一团和气"匾额，东墙上挂咸丰帝御题的"喜报红旌"匾额。据说这"喜报红旌"匾额背后还有一个故事：当时太平天国军林凤翔部队与清军在怀庆僵持不下，林凤翔便设计迷惑清军并向北逃入了山西境内。时任钦差大臣的讷尔经额见太平军人畜皆消失不见，便伪造胜果向京城传来捷报。咸丰帝龙颜大悦，即刻御书"喜报红旌"4字赠予讷尔经额。然而时隔不久，曾经被报已战败的林凤翔军队便直逼直隶边界，这时咸丰帝才知道是受了讷尔经额的蒙蔽。此后，皇帝将讷尔经额革职，并将此匾额置于军机处东墙上，以警戒手下大臣。

[22] 此处所引为嘉庆十一年三月十一日立《乾清宫东暖阁炕上陈设档》。

[23]《清仁宗皇帝起居注》卷一二。

图139
军机处一隅

3. 贺寿诞特制家具

在今天留下来的宫廷用器中，有一类纹饰格外醒目的家具。这类家具或以“寿”字为纹，或饰以祈福长寿的图案；家具的外表，或披覆朱漆喜气洋洋，或点化传说寓意吉祥。它们是古代礼仪制度的一种特殊产物，专为皇家贵族贺寿而定制。

据《满文老档》记载，清代的祝寿礼仪在统治者入关之前便已有定例。“（崇德元年五月）十四日，奉宽温仁圣汗谕旨，制定元旦、万寿节朝贺礼”。崇德是清太宗皇太极的年号，在他执政的第一年，便下令制定了元旦及万寿节的贺礼。皇太极在手谕中规定，“日出之前，自和硕亲王、多罗郡王、多罗贝勒以下，牛录章京以上，集北辰殿排班毕，圣汗出，御宝座。诸和硕亲王、多罗郡王、多罗贝勒，俱按品级排班，先满洲、次蒙古、三汉员，依次行三跪九叩头礼”。北辰殿位于沈阳故宫清宁宫。在贺寿当日，皇太极所御的宝座是贺寿这一日陈设的“焦点”，象征着皇权，衬托着皇帝的天威。

中国人有万寿节前致祭先祖的传统。据《满文老档》记载，在这一年十月崇政殿举行的万寿节上，皇太极先是“遣超品一等公扬谷利（杨古里）及文武首辅大臣诣福陵，燃香灯，供果品，奠酒致祭”其父太祖、母皇太后。祭祀结束，使者回朝，方依次在清宁宫、崇政殿行礼。在崇德元年的万寿圣节上，皇太极于巳时“出宫殿升座”，先后接受满洲贵族大臣、蒙古科尔沁部以及汉员大臣的三跪九叩礼，并听取其满文贺表、蒙古文贺表与汉文贺表。而后，迎来“陈百戏，大宴之”的热闹景象。

历史上，享万寿节次数最多且节日场面最为宏大的，恐怕要数乾隆帝的母亲崇庆皇太后了。作为有清一代最为高寿的皇太后，伴随着康乾盛世的风光，崇庆皇太后一生享尽荣华富贵。乾隆帝曾在其五旬、六旬、七旬、八旬之年，为她举办整寿大庆。崇庆皇太后八旬万寿节时，乾隆帝已年逾花甲。崇重孝道的乾隆帝依旧将母亲的寿诞办得格外壮观，不仅在万寿前夕再次“油饰了寿康宫”，在寿诞当日还亲自“侍皇太后筵燕”，甚至“彩衣躬舞”“捧觞上寿”[24]。这一宏大的场面，在故宫藏姚文瀚《崇庆皇太后八旬万寿图》中得到了生动形象的记载与渲染。画面中，崇庆皇太后端坐在宝座上，身后是朱红的屏风，上面满饰象征长寿寓意吉祥的仙鹤；前设铺满果品点心的宴桌，乾隆帝坐在太后旁边的方凳上。作为万寿节所用家具，这一日的陈设，从宴桌到高几，一应都是朱漆描金，就连那编磬架、鼓架，也都是喜庆的红色（图140）。

灯支，作为烘托气氛的陈设，在万寿节上，也是必不可少的。据光绪三十年的《旨意题头清档》记载，慈禧万寿节前，西六宫诸宫殿前要设宫灯以示祥瑞：

> 十一月十三日值班库掌德庆接收库掌荣锟持来报单一件，内开灯裁作为具报题头事。今为光绪三十年十月皇太后万寿圣节。宁寿宫皇极殿殿内安设泥金四喜天球鹤灯十支。长春宫太极殿前安设大寿字灯一座。体元殿前安设清平五福座灯一座。翊坤宫门前安设大寿字灯一座。体和殿前安设太平有象大座灯一座等项活计均修理见新，为此具报等因呈明总管准行记此。灯裁作呈稿。

事实上，在以上宫殿前布置为慈禧太后贺寿用的灯支，已是当时的年例。

[24] 详见《清朝通典》卷五一“礼十一·皇太后三大节朝贺”一节。

图140
清 姚文瀚《崇庆皇太后八旬万寿图》（局部）
故宫博物院藏

凡元日、长至次日，万寿圣节及遇国家庆典，皇帝御太和殿，群臣上表称贺，则有大朝之仪。

（《钦定大清会典》卷二十“嘉礼·朝会一”）

万寿圣节，与元旦、冬至并为清朝的三大节。凡遇此三节，均要行“大朝之仪”。大朝仪通常在最为恢宏的太和殿举行，王以下各官、外藩王子、使臣会借此依次向上行礼庆贺。行过大朝仪并不意味着万寿节的结束；相反，内廷的庆贺自此方才开始。作为兼具政治色彩与礼制内涵的庆典，万寿节一方面体现着满族人对“孝”的重视，一方面又是展示国力强盛的重要契机。

据文献记载，皇帝、皇太后在万寿节之际，会命内务府造办处成做一定的节庆家具。大到桌案，小到匣盒，无不在昭告天下自己的“万寿无疆”。

（雍正二年正月）二十八日，郎中保德奉怡亲王谕：尔等将活计预备做些，端阳节呈进，嗣后中秋节、万寿节，年节下俱预备做些活计呈进，其应做何活计，尔等酌量料理。遵此。[25]

在成做的清单中，可见到“灵芝香盒一件”“镶嵌福如东海紫檀木圆盒一件”“镶嵌芝仙祝寿紫檀木圆盒一件”“镶嵌紫檀木芝仙祝寿盒二件”“寿山福海水丞一件”“牙茜绿座镀金匙福寿长春盒一件”“象牙茜绿座万事如意盒一件”等具有明显祝寿题材的家具。如图中这件紫檀雕蝠寿扶手椅（图141），是乾隆年间万寿庆典所用之物。背板雕寿字与蝙蝠，象征着“福寿”；扶手的回纹象征“无边”。座椅整体寓含了“福寿无疆”的美好愿望。

万寿节用的陈设并非全部采用新做的家具，有时也会以“旧面换新颜”的方式让老家具释放出新的光彩。在崇尚简素且廉政的雍正帝看来，将已有的家具重新修饰一番，令其富有寿庆的色彩，也是极好的。

（雍正二年五月）十九日，总管太监张起麟交玻璃镜二块，奉旨：配楠木架，雕刻镶嵌寿字。钦此。于八月二十四日做得画银母寿字镶嵌紫檀木红福楠木插屏样一件，通高八尺，宽三尺五寸，玻璃镜心高五尺六寸五分，宽二尺六寸，总管太监张起麟呈览，奉旨：照样做，此插屏后面用金笺纸写篆石青百寿图。钦此。于十月二十九日照尺寸做得银母寿字镶嵌紫柦（檀）木红福，背后金笺纸上篆石青字百寿图楠木插屏二座，总管太监张起麟呈进讫。[26]

当然，一人之心不如天下万人齐心。一人作物、一府办事，常有难出新意之感，而来自五湖四海的奇珍异宝，总会成为节日中争奇斗艳的主角。万寿节，便是臣子在皇帝前露脸的极好的机会。如图中的这对紫檀边框嵌染牙仙人福寿字挂屏（图142），正是当时外地进贡给乾隆皇帝的万寿贺礼。

“福”字屏上题：

[25] 第一历史档案馆、香港中文大学文学馆编：《清宫内务府造办处档案总汇1》，页261，人民出版社，2005年。

[26] 第一历史档案馆、香港中文大学文学馆编：《清宫内务府造办处档案总汇1》，页336，人民出版社，2005年。

图141
清中期 紫檀雕蝠寿扶手椅
故宫博物院藏

指出乾闼，手扶禅杖。

塔或倚肩，瓶或擎掌。

或佩法轮，或持拂子。

如意如谁，数珠数此。

虎驯若狸，以手抚之。

全身威猛，满志慈悲。

图142
清中期 紫檀边框嵌染牙仙人福寿字挂屏（一对）
故宫博物院藏

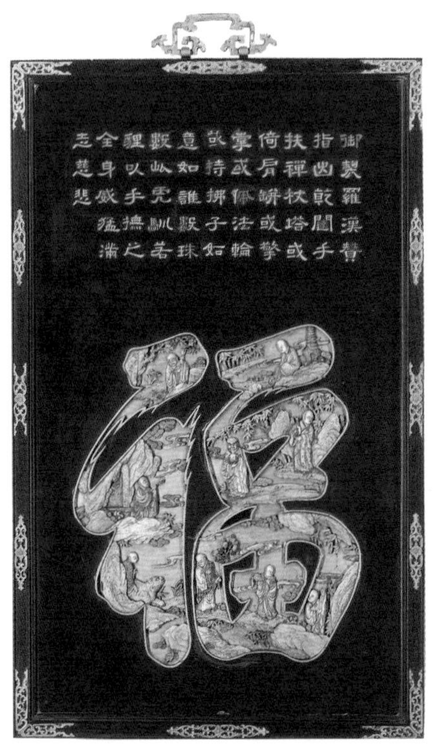

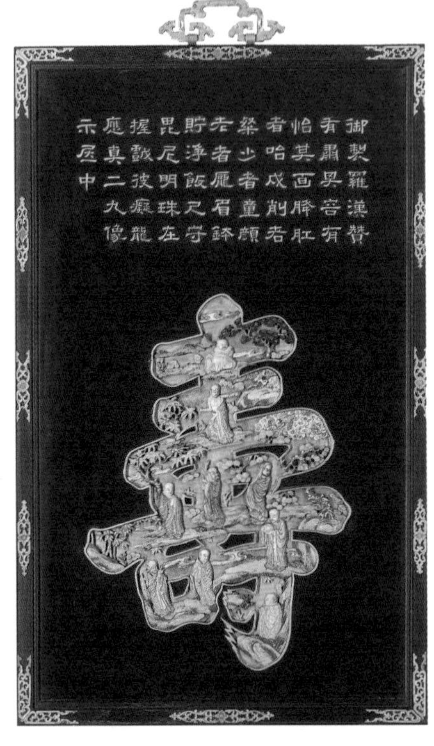

“寿”字屏上题：

有肃其容，有怡其面。
胮肛者哈，戍削者粲。
少者童颜，老者庞眉。
钵贮净饭，尺守毗尼。
明珠在握，戏彼痴龙。
应真二九，像示居中。

此诗在《清高宗御制文二集》卷四十二中可以找到，题名为“陈居中画罗汉赞”。

又如这件紫檀边框嵌金桂树挂屏（图143），是有着“优贡奇才”称号的武英殿大学士、云贵总督李侍尧所进。李侍尧在清代历史上十分有名，他聪颖伶俐，贡事得力，仅乾隆三十六年（1771年）万寿节便进贡品30种，皇太后八十寿辰之际更是进贡品多达90种。

图143
清中期 紫檀边框嵌金桂树挂屏
故宫博物院藏

乾隆帝一生兴趣庞杂，其中最为令人熟知的便是钟表。在众多的贡品中，不乏各式各样的自鸣钟。这件从广东进贡而来的紫檀边座嵌染牙仙人祝寿带钟插屏（图144），正是投其所好的一种创新。在屏扇正中央，嵌着一只圆形白底的钟表，在钟表周围，又镶嵌着牙雕而成的蝙蝠。这种巧妙

图144

清中期 紫檀边座嵌染牙仙人

祝寿带钟插屏

故宫博物院藏

的构思，可称得上别出心裁了。

然而，并不是所有的祝寿贡品皇帝都会留用。据《檐醉杂记》卷一记载：

康熙四十二年三月十八日，为圣祖（康熙）五旬万寿。王公诸臣先进鞍马、缎匹等物，皆不受；诸臣复进祝寿屏文，但留册页，亦不受屏。前数年汤文正斌巡抚江苏，绅民于其生日制屏为寿，公但命录汪尧峰所撰寿文，而返其屏。即此一端，想见明良一德。力以清心寡欲，致世道于返朴还淳，真盛事也。

康熙帝作为入关的第二位统治者，治理国家以休养生息，严于律己并简朴务实。纵使是在五旬整寿，依旧不愿劳民伤财，面对王公诸臣进贡的鞍马与缎匹，均不为所动。官员进献的祝寿屏风，也仅留下其中带有祝词的册页。故宫所藏为康熙帝祝寿的寿礼家具并不多，但其中有一件却十分耀目。这是一件32扇的紫檀边框嵌螺钿雕云龙纹寿字围屏（图145），其中16扇为6位皇子的寿礼，16扇为32位皇孙的寿礼。这件围屏见证了康乾盛世的崛起，其所蕴含的天伦之乐是对一世勤勉的康熙帝最好的寿礼。

在今天的故宫中，人们还能够见到一些上面饰有百寿字的家具。虽然它们已无法诉说曾经的故事，但它们目睹、见证并封存了，那后宫中的思念与寄托、祝福与祈愿。伫立在槅扇下、静卧在炕头边的家具，也生出了灵性——团聚在一起，生发出一隅不失风度而饶有风味的感人景致。

4. 宫廷家具的来源

木与木偶然邂逅，日久生情而恩爱缠绵。它们的姻缘无处不在，谱写了一曲充满魅力的旷世交响。在这动人心魂的乐曲声中，宫廷家具最为恢宏壮丽。它是千年榫卯交响中的高潮，也是木木交错阴阳和谐最为丰富动情的盛开。而在这如花开锦绣的乐圃中，在这十分壮阔的音域里，却有着无数细腻而独特的美好景色，它们共同支撑着这王者之家的气派。它们或出自宫廷内务府造办处，或出自养心殿造办处，或是宫里巧匠的精工，或是四海名家的大作，或是由内而外展现中华风的传统工艺，或漂洋过海自有异域风情的舶来品……在这极尽世间奇珍异宝的紫禁城中，宫廷家具真

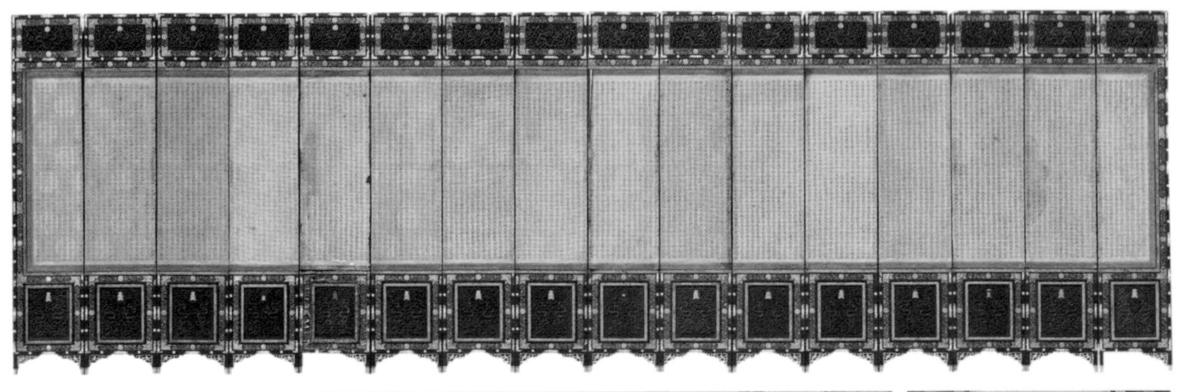

图145
清早期 紫檀边框嵌螺钿雕云龙纹寿字围屏（部分）
故宫博物院藏

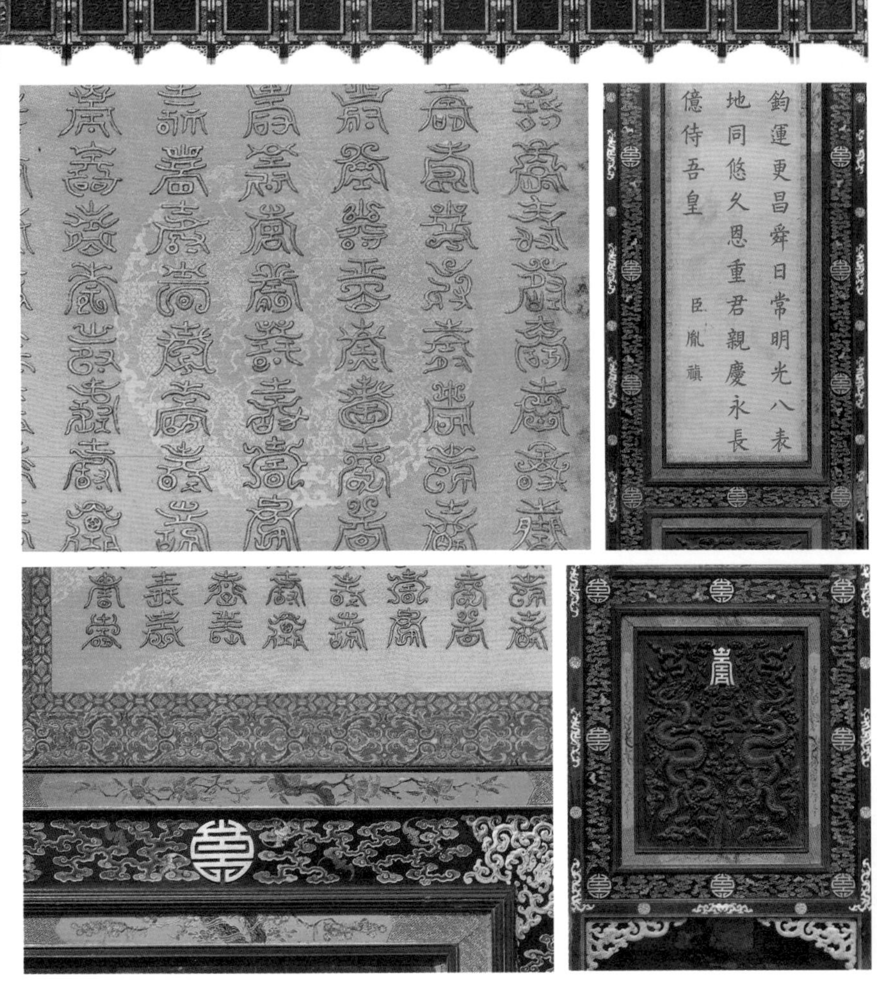

是琳琅满目，令人目不暇接。

今天故宫中的宫廷家具，多是清代皇室贵族的遗物。他们样式多变、材质极佳、做工上乘、世间罕有。从风格上看，它们或矜贵有余，或简朴内敛，或清秀妍丽有文人之趣，或巴洛克、洛可可风联袂上阵。显而易见，并非出自一代一人之手。从材质上看，既有来自中国南方的棕竹和东北的乌拉石，还有远自欧洲的珐琅和日本的洋漆。可以看出，这些家具可能来自五湖四海。据文献考证，清代皇宫中的家具主要有以下途径：宫内制造，官府采办，以及外地进贡。

宫内家具的制作主要由内务府造办处承担。通常制造的流程为先由工人画样呈览，经皇帝批准后方可开始制作。如：

（乾隆十五年五月）初四日员外郎白世秀，司库达子来说，太监胡世杰传旨：寿皇殿中龛傍龛内踏跺两边着各做冠服图红漆画金龙箱二件，座子照香几腿成做，箱上各做冠盒二件，先做样呈览，准时往细致里成做。钦此。

于本月初九日员外郎白世秀，司库达子将画得红漆画金龙官服图箱尺寸纸样二张持进，交太监胡世杰呈览。奉旨：照样准做，要抽小些。钦此。[27]

在这段记述中有一句话十分有趣，“准时往细致里成做”。可见，皇帝想要看的，是一个大致的效果图，其中的细节还有待推敲。通常绘制样图的时间不会很长，上文的红漆画金龙冠服图箱图样只用了5天便画成了。对于呈览的图纸，乾隆帝会提出一些新的见解。比如在此处，乾隆帝“要抽小些”，便准做了。

虽然乾隆帝对上面两件红漆画金龙箱的图纸提出了异议，但由于改动不大，并未对图纸进行修改，两次呈览即开工了，然而并非所有的图样都能令乾隆帝一见倾心，有时皇帝对所呈图纸不甚满意，还会传旨命内务府再次画样或令选佳材，如乾隆二十年（1755年）正月十三日这则档案所记：

双鹤斋后抱厦现安大理石床，着抽小，另作文雅宝座一座，仍用大理石。先画样呈览。钦此。于本月十九日，员外郎白世秀将画得安搭脑靠背扶手镶大理石宝座纸一样持进，交太监胡世杰呈览。奉旨：另查大

[27] 中国第一历史档案馆、香港中文大学文物馆合编：《清宫内务府造办处档案总汇4》，页622，人民出版社，2005年。

理石，画样呈览。钦此。于本月二十五日，员外郎白世秀将圆明园库贮大理石三块、造办处库贮大理石一块，画得宝座纸样一张持进，交太监胡世杰呈览。奉旨：准用圆明园大理石做成，另作大样呈览。钦此。于本年二月初八日，员外郎白世秀将圆明园库贮大理石三块、做得杉木宝座样持进，交太监胡世杰呈览。奉旨：照样准用圆明园库内大理石照屏峰做漆的。钦此。于本年七月二十五日，员外郎金辉、副催总舒文，将做得镶大理石漆宝座一座持进，交太监胡世杰呈览。奉旨：着照双鹤斋殿内现铺设锦褥一样配褥。钦此。于本年十月初四日催总巴克坦将做得大理石宝座一座，随锦褥，持赴双鹤斋安讫。[28]

这则档案记录了皇帝为圆明园双鹤斋后抱厦配置宝座的全过程。从正月十九日呈览的图样来看，这件宝座不仅镶嵌着大理石，还安有“搭脑靠背扶手”，十分贴近“文雅宝座”的名字。大理石是产自云南的一种带有天然纹理的石材，在当时是极为珍贵的，其纹理若高山流水，筋骨墨韵各有千秋，常作为宫廷家具的镶嵌材料。不过，大抵因为这次大理石的纹理并不合乾隆帝的心意，乾隆帝阅后便又下旨曰：“另查大理石，画样呈览。”

伴随着第二次画样呈览的而来的，是“圆明园库贮大理石三块、造办处库贮大理石一块”。最终乾隆帝选中圆明园藏大理石作为镶嵌的石材，并且命造办处再次“另作大样呈览”。而这个大样，不再是平面的效果图了，而是以价格低廉的杉木做成的样本。二月初八日，杉木的宝座大样经呈览获得批准，这件“文雅宝座”终于在七月二十五日做成。

内务府造办处不仅要制作新的家具，还要负责日常的维护及“破旧立新”。皇帝日常在宫殿间走动，看到某处陈设陈旧了，或是装饰风格不合心意，有时会灵光一现，下旨将那“不合时宜的家具”修改一番。如乾隆二十五年（1760年）二月二十九的这道圣旨：

正大光明殿内现设三屏风，将心子的字刮去，另上金其字，交武英殿刻，钦此。[29]

正大光明殿即乾清宫，清朝历任皇帝都对这象征皇家威仪的场所格外注重，乾隆帝也不例外。内务府造办处虽有刻字作，但这件屏风并未全权交由造办处来完成，而是在刮去屏心字后交到了武英殿刻字。武英殿，是

[28] 中国第一历史档案馆、香港中文大学文物馆合编：《清宫内务府造办处档案总汇21》，页348-349，人民出版社，2005年。

[29] 中国第一历史档案馆、香港中文大学文物馆合编：《清宫内务府造办处档案总汇25》，页20，人民出版社，2005年。

乾隆时期负责校勘、刻印书籍的地方。这里出版的刻本用纸精良，校勘精准，字体工整，书籍的品质极佳，在版本学上特有“殿本”之称。由武英殿承办此屏，想必那屏上之字也格外雍容端雅。

可以“破旧立新”，也可以“博采众长”。造办处制造的家具具有明显的官作风格，其所采用的家具样式与装饰纹样是十分直观的因素。许多已有的图案与细节都不断地运用到后来的家具上，在风格上既有变化又有传承。

> （雍正五年）九月初八日郎中海望奉旨：尔照勤政殿西耳房内陈设双层洋漆书格样，上层入深做窄些，门子花样照万字房陈设的洋漆书格门子上的花样做。中层平台再放深些，栏杆柱头做象牙的，两边柱头上安旗杆二杆挂珠帆。下层腿子不好，照汤泉取来的香几腿子做。抽屉里做红漆背板，里面或做金漆，或做红漆，背板里上下二层，安台子，做样呈览后先用紫檀木做一件。钦此。[30]

圆明园是清代最为著名的皇家园林，其中的勤政殿是清代皇帝在园中日常听政、处理朝政的地点，而万字殿是雍正时期在圆明园西北侧建立的一座四面临水、冬暖夏凉的建筑。汤泉不在圆明园内，而是位于今昌平区汤山的一处行宫。雍正帝下旨命造的这件新书格，要博取这三处不同类家具的样式、“花样”及“腿子”造型，这种融合化新对造办处来说，或许也只是日常工作之一吧。

很多时候，习惯成自然往往促就了一种形式审美，从感性的角度来说是内化为一种情愫，从理性的角度出发则可看作是一种定例。造办处不仅要秉承圣旨使旧物焕然一新，有时也会根据宫内的需求，按照原有的样式再做一份。如下：

> （雍正九年二月）二十二日，宫殿监副侍苏培盛传：照写字桌款式，放长六尺做一张，宽高俱照旧桌尺寸。记此。[31]

乾隆在位的60年，是清式家具成熟并蔚为壮观的重要时期。乾隆时期的国力，经历康熙、雍正两代的休养及积累，已经十分丰厚充盈。尤其是乾隆帝执政的前期，出现了全国性的商业繁荣。尽管在乾隆帝之前，外省官员也多有贡品入京，但由于康熙帝与雍正帝较为清简朴素，且政治根基

[30] 中国第一历史档案馆、香港中文大学文物馆合编：《清宫内务府造办处档案总汇2》，页603，人民出版社，2005年。

[31] 中国第一历史档案馆、香港中文大学文物馆合编：《清宫内务府造办处档案总汇4》，页675，人民出版社，2005年。

尚不完全稳固，贡品在数量上远远没有乾隆时期贡品规模的壮观。

清代各地总督、巡抚、布政使、将军、总兵等官员以及皇亲国戚，向宫中进贡物品的单折称为“宫中进单”。这些奏单由奏事处呈递，贡品则由养心殿造办处呈览，但并非所有的贡品都会留在宫中，亦有驳回的情况。造办处负责抄录贡品的名称、数量，并记录皇帝的旨意。如果贡品被留下，将以“贡档”记录被留贡品的使用及陈设情况。从乾隆二年（1737年）至乾隆十年（1745年）的部分“进单”与“贡档”中可以看到，这些贡品来自不同的地区，进贡者的身份也各不相同。

乾隆二年八月初十日，淮安关务唐英进：楠木如意桌一对，彩漆如意桌一对，彩漆如意书架一对。

乾隆二年十二月二十四日，唐英进：绢画镶万福流云边屏风一座，黑漆画金宝座一件，黑漆画金案一件。

乾隆四年八月初二日，准泰进：洋漆宝座（随靠背座褥全），洋漆琴桌二张，洋漆坑（炕）案二张，洋漆书格一对，洋漆龙案一张，洋漆绣坑（炕）屏一架。

乾隆四年八月初三日，唐英进：棕竹漆宝座一座（随黄缎绣褥），棕竹漆椅子十二张（随锦垫）。

乾隆四年八月初九日，织造海保进：镶嵌银母书桌二张（随布套），镶嵌银母坑（炕）桌二张（随布套），填漆杌子十二张（各随垫套）。

乾隆四年八月初九日，织造伊拉齐进：红龙油珀冠架四件。

乾隆十年十月初二日，两广总督暂管粤海关务策楞进：吉庆一座（蜡石座），如意宝座一尊（冠擎一对），万全香几一对（乌木嵌石做），长方香几一对（玳瑁镶牙做），小香几一对（乌木嵌□玻璃做），合圆桌一对（紫檀做），方杌四对（乌木、广椰木做），绣墩二对（乌木做），挂钟一座。

乾隆十年十月初二日，两广总督暂管粤海关务策楞进：象牙插屏一座（随紫檀香几），围屏十二扇（紫檀玻璃做），画玻璃挂屏二对，玻璃圆镜一座（璇玑做），铜片缂画小插屏五座。

乾隆十年十一月初一日，江苏布政（使）安宁进：仿洋漆书架二对，仿洋漆书案成对，仿洋漆琴桌成对，仿洋漆插屏成对，月宫式圆桌成对，朱漆万寿如意方天香几成对，仿洋漆菊花瑞草圆天香几成对，朱漆吉庆如意绣墩四对。

乾隆十年十二月二十八日，凤阳关监督总管六□事务郎中普福进：太平景象插屏成对。[32]

淮安关务唐英、织造海宝、织造伊拉齐、江苏布政（使）安宁，从其官职名称可知，由他们进贡的家具应是出自江南艺人之手。事实上，故宫中有大量家具来自江南地区，这一地区的家具制造业保留着明式家具的传统工艺，风格上偏清婉细腻。即使在审美日趋繁缛厚重的清中期家具当中，江南制造的宝座，也绝对算是其中的一股清流。如文渊阁明间的宝座，便是典型的清中期苏作艺术，即使围屏上镶嵌着各色宝石美玉，却丝毫没有造作的气息。又如这件紫檀漆面长条桌（图146），虽然材质为清式家具惯用的紫檀木，但其内镶漆心的做法，却是典型苏作家具的工艺。

此外，两广总督、粤海关务也是进单、贡单中常见的官名，他们的频繁亮相，常伴随着一批批做工精良、中西合璧的广式家具贡品。清代广式家具的形成和壮大，得益于两广地区特殊的地理位置。广东对外贸易十分发达，尽管明太祖朱元璋曾一度施行海禁政策，但自明成祖朱棣于永乐元年（1403年）重设市舶司后，广东地区的贸易始终在缓慢地发展，甚至有葡萄牙商人贿赂当时的海道副使汪柏，成功居住在澳门地区，这也促使了澳门日渐成为后来中西方贸易的枢纽。清顺治帝虽也曾施行海禁政策，但由于当地政府的抵制，事实上并未能真正中断广东地区的对外贸易活动。清康熙二十三年（1684年），康熙帝再次废除海禁政策，不仅如此，清政府还进一步设置江、浙、闽、粤四海关务管理对外贸易，进一步促进了广东地区对外贸易的大繁荣。

随着贸易的交往，西洋文化也渐渐深入广东地区。在清代中叶，大量商业建筑、官宅民居都出现了西洋化的倾向，与之相一致的，是同样受西方艺术影响的广式家具。广式家具在用料上极为大手笔。苏作家具常以

[32] 吴美凤：《盛清家具形制流变研究》，紫禁城出版社，2007年。

图146
清中期 紫檀漆面长条桌
故宫博物院藏

拼接的形式来呈现优雅简致的弧度，而广式家具在处理弧度时，则不论曲度如何，常用整块木料挖作而成。这种奢侈阔绰的作风无疑能迎合清中后期讲究排场、极好颜面的统治阶级。此外，从审美的角度来看，广式家具有一反中国传统写意美的独特表现手法，它以雕缋满眼、纤巧繁琐的装饰艺术冲击着使用者的感官。不仅如此，与明式家具的线性艺术相悖，广式家具常采用各式镶嵌工艺，将“面”的艺术推到了一个新的高度。广作的家具不惜使用美玉、象牙、宝石、金银、珐琅等材质，力求令家具面面惊艳，面面入微。

如故宫旧藏的这件紫檀边座嵌珐琅山水花鸟座屏风（图147），据研究人员考查，为乾隆四十年（1775年）七月二十九日广东巡抚德保进献的贡品。这件屏风的屏心为錾胎珐琅，五副屏心拼合而成一幅晴川绕琼树、花

图147
清中期 紫檀边座嵌珐琅山水花鸟座屏风
故宫博物院藏

鸟相与间的风景。珐琅的颜色明艳而鲜亮，与传统的绘画技巧相结合，着实令这件屏风闪烁着与众不同的光彩。

这些作为贡品的家具，或因做工精美而令人驻足侧目，或因形式奇巧而令人爱不释手，又或因用材弥珍而令人奉为至宝。即使如此，终究还是寻常心意。每逢皇帝、皇太后整寿大庆之时，官员们总会想方设法投其所好，赋予已经十分精美、奇巧、珍贵的贡品更多的心意。

乾隆十六年五月初四日，两淮盐政吉庆进：堆嵌万花献瑞大挂屏成对，堆嵌群仙祝寿挂屏二对，堆嵌端阳献瑞挂屏二对。

乾隆三十六年七月初四日，福州将军弘晌进：紫檀宝座一尊，紫檀御案一张，紫檀顾绣日月同春蟠桃献寿五屏风一座，紫檀绣墩八张，紫檀琴桌一对，紫檀天香几一对。

乾隆三十六年七月初六日，两淮盐政李质颖进：紫檀间班竹万仙祝寿三屏风成座，紫檀间班竹万仙祝寿宝座成尊，紫檀间班竹万仙祝寿文榻成座，紫檀间班竹万仙祝寿御案成座，紫檀间班竹万仙祝寿天香几成对，紫檀间班竹万仙祝寿炕几成对，紫檀间班竹万仙祝寿琴桌成对，紫檀间班竹万仙祝寿绣墩四对，紫檀间班竹万仙祝寿窎扇成对。

乾隆十六年（1751年）是乾隆帝母亲崇庆皇太后六旬大寿，乾隆三十六年（1697年）是其八旬大寿。“万花献瑞”“端阳献瑞”“蟠桃献寿”都是传统的贺寿题材，两淮盐政李质颖于乾隆三十六年所进的家具更是以“万仙祝寿”的题材，营造出了一整套风格一致的祝寿陈设。时兴的紫檀与传统文气的斑竹巧妙融合为一，可谓“用心良苦”。

除江南及两广地区以外，在贡单中还能够看到许多来自其他地区的贡品。据内务府档案记载：

乾隆十八年，九江关务唐英进紫檀边波罗漆面圆转桌成对。

又如：

乾隆二十三年十月二十三日，长芦盐政官着进：紫檀木一百根，长一丈至一丈三尺不等。

乾隆四十六年七月十六日，管理陕甘总督事务李侍尧进：玉耕织图插屏成对，嵌玉灵岩挂屏成对，博古文竹嵌玉桌屏成对，文玩书架成副。[33]

此外，随着传教士及外国使臣来朝，一些外国制造的家具也随之成为进贡的贡品。如这件紫檀边座嵌玉爱乌罕四骏图插屏（图148），便是乾隆时期阿富汗向清宫廷进贡的物品。

尽管清宫内务府造办处集结了大批能工巧匠，但仍不能满足皇家庞杂的兴趣。清宫中非造办处制造的家具，除了进贡而来的，还有一些是由乾隆帝下旨成做，并交由造办处到宫外采买的。清宫中并未设有专司采买家具的机构，采买往往由各地政府和设外机构代办。此外，宫中的家具也有不少来自籍没的官员之家。如在籍没的权臣和珅府邸的清单中，就有“镶金八宝炕屏（四十架）”“镂金八宝大屏（二十三架）”“镶金炕屏（二十四架）”“镶金炕床（二十床）”“镶金八宝炕床（一百二十床）”“金镶玻璃炕床（三十二床）”“铁黎、紫檀器库六间（八千六百

[33] 转引自吴美凤：《盛清家具形制流变研究》，紫禁城出版社，2007年。

图148

清中期 紫檀边座嵌玉爱乌罕四骏图插屏

故宫博物院藏

余件）”，其数量之大、器用之精，令人咋舌[34]。然而，这也只是清代灿若繁星的宫廷家具中一个缩影而已。

[34] 清人薛福成《庸庵笔记》一书中有《查抄和珅住宅花园清单》一文，作者谓其清单“系世俗传钞之本”，时定罪和珅，其“家产尚未钞竣”，书中所列明细只是“后来陆续所钞之数”。

参考文献

（只列出正文中未出现过的参考资料）

古代文献

［明］陈继儒撰：《岩栖幽事》，明宝颜堂秘笈本。

［清］查礼撰：《铜鼓书堂遗稿》，清乾隆查淳刻本。

杨寿丹辑：《云在山房丛书三种》，台北：文海出版社有限公司，1973年。

［清］江畬经选编：《历代小说笔记选》，广州：广东人民出版社出版，1984年。

［明］王廷相著：《王廷相集4》，北京：中华书局，1989年。

张秉楠辑注：《稷下钩沉》，上海：上海古籍出版社，1991年。

［清］董含撰，致之校点：《三冈识略》，沈阳：辽宁教育出版社，2000年。

［清］薛福成著：《庸庵笔记》，南京：江苏古籍出版社，2000年。

［唐］许敬宗编，罗国威整理：《日藏弘仁本文馆词林校证》，北京：中华书局，2001年。

［清］王鸣盛撰，黄曙辉校：《十七史商榷》上册，上海：上海书店出版社，2005年。

［清］赵翼著：《陔馀丛考》，石家庄：河北人民出版社，2007年。

［清］胡敬撰：《胡氏书画考三种》，杭州：浙江出版联合集团、浙江人民美术出版社，2015年。

研究著作

王宇清著：《冕服服章之研究》，台北：中华丛书编审委员会，1966年。

胡德生：《中国古代家具》，上海：上海文化出版社，1992年。

简松村：《文物光华6》，台北：台北故宫博物院，1992年。

四川联合大学历史系主编：《徐中舒先生百年诞辰纪念文集》，成都：巴蜀书社，1998年。

戈阿干著：《东巴骨卜文化》，昆明：云南人民出版社，1999年。

浙江省文物考古研究所编：《浙江考古精华》，北京：文物出版社，1999年。

索予明著：《漆园外摭——故宫文物杂谈》，台北：台北故宫博物院，2000年。

王世襄编著：《明式家具珍赏》第2版，北京：文物出版社，2003年。

河北省文物研究所著：《战国中山国灵寿城1975～1993年考古发掘报告》，北京：文物出版社，2005年。
金学智著：《中国园林美学》第2版，北京：中国建筑工业出版社，2005年。
吴美凤著：《盛清家具形制流变研究》，北京：紫禁城出版社，2007年。
陈丽华主编：《中国工艺品鉴赏图典》，上海：上海辞书出版社，2007年。
胡德生主编：《明清宫廷家具》，北京：紫禁城出版社，2008年。
周思中编著：《清宫瓷胎画珐琅研究1716-1789》，北京：文物出版社，2008年。
孙机著：《汉代物质文化资料图说（增订本）》，上海：上海古籍出版社，2011年。
韩其楼编著：《紫砂古籍今译》，北京：北京出版社，2011年。
何正廷著：《句町国史》，北京：民族出版社，2011年。
王本兴著：《江苏印人传》，南京：南京大学出版，2012年。
熊伟编：《中国设计全集》第4卷，北京：商务印书馆，2012年。
李宗山著：《家具史话》，北京：社会科学文献出版社，2012年。
胡德生主编：《故宫彩绘家具图典》，北京：故宫出版社，2013年。
胡德生主编：《故宫镶嵌家具图典》，北京：故宫出版社，2013年。
胡德生主编：《故宫紫檀家具图典》，北京：故宫出版社，2013年。
姬勇、于德华、（德）阿尔伯特（Albert，M.T）编著：《中国古典家具设计基础》，北京：北京理工大学出版社，2013年。
王生铁主编：《楚文化概要》，武汉：湖北人民出版社，2013年。
陈星灿、方丰章主编：《仰韶和她的时代——纪念仰韶文化发现90周年国际学术研讨会论文集》，北京：文物出版社，2014年。
马兆锋编著：《英雄时代：强盛的秦汉帝国》，北京：北京工业大学出版社，2014年。
孙立群著：《中国古代的士人生活》，北京：商务印书馆，2014年。

研究文章

朱家溍：《坤宁宫原状陈列的布置》，《故宫博物院院刊》1960年00期。
江苏省文物管理委员会，南京博物院：《江苏六合程桥东周墓》，《考古》1965年第3期。
曹桂岑：《河南郸城发现汉代石坐榻》，《考古》1965年第5期。
湖南省博物馆：《长沙浏城桥一号墓》，《考古学报》1972年第1期。
杨伯达：《论景泰兰的起源——兼考“大食窑”与“拂郎嵌”》，《故宫博物院院刊》1979年第4期。
丁邦钧：《安徽省马鞍山东吴朱然墓发掘简报》，《文物》1986年第3期。
陶正刚，李奉山：《山西省潞城县潞河战国墓》，《文物》1986年第6期。
任常中、王长青：《河南淅川下寺春秋云纹铜禁的铸造与修复》，《考古》1987年第5期。
杨福泉：《纳西族木石崇拜文化论》，《思想战线》1989年第3期。
柳羽：《琴几·瑟案》，《乐器》1990年第3期。

杨德标、贾庆元、杨鸠霞：《安徽省天长县三角圩战国西汉墓出土文物》，《文物》1993年第9期。
韦正、李虎仁、邹厚本：《江苏徐州市狮子山西汉墓的发掘与收获》，《考古》1998年第8期。
张建华、郝红星、李卫东、魏新民：《河南新密市平陌宋代壁画墓》，《文物》1998年第12期。
赖功欧：《论中国文人茶与儒释道合一之内在关联》，《农业考古》2000年第2期。
高启安：《从莫高窟壁画看唐五代敦煌人的坐具和饮食坐姿(上)》，《敦煌研究》2001年第3期。
邵晓峰：《中国传统家具和绘画的关系研究》，南京林业大学博士学位论文，2005年。
邵晓峰、陶小军：《〈宋代帝后像〉中的皇室家具研究》，《艺术百家》2008年第4期。
蔡毅：《清代粉彩与外销》，中国古陶瓷学会编：《中国古陶瓷研究》第14辑，北京：紫禁城出版社，2008年。
陈烈：《纳西族祭天古歌的“天人合一”思想》，杨福泉主编：《纳西学研究论集》第1辑，云南出版集团公司，2009年。
刘尊志：《西汉诸侯王墓棺椁及置椁窆棺工具浅论》，《考古与文物》2012年第2期。
王子林：《太和殿的记忆》，《紫禁城》2014年第2期。
林姝：《崇庆皇太后画像的新发现——姚文瀚画〈崇庆皇太后八旬万寿图〉》，《故宫博物院院刊》2015年第4期。

后　记

《家具的故事》一书完稿于2016年下半年，因中间笔者历经毕业、工作等变动，直至今日才有幸面世。在这5年间，笔者的工作重点逐渐转向清代宫廷原状的研究。看似渐离了家具，实则收获良多。在主持或参与复原体和殿、毓庆宫、奉先殿等建筑内檐陈设的过程中，笔者对于家具的理解，不再仅聚焦于其本身的材质、工艺与形制，转而以一种全局观来进行审视，求知其背后关于人情、关于环境、关于制度的故事。在此，我特别感谢吴兴文先生及本书的责任编辑徐小燕老师，是他们的宽慰推进了这本书的出版。人始终在进步，故对旧作倍觉稚嫩而羞赧；只要读者从中有所得，便不愧对往日的旰食疾书。

2019年，笔者成为了一名母亲。这一新的身份，让我亦重新思考了研究与科普，教育形式与接受乐趣等问题。《家具的故事》作为一本普及性读物，并无太多离经叛道的观点，更多采用了一些共识性的结论。全书的呈现形式如其“故事”之名，从历史的深处娓娓道来。同时穿插以少许篇幅的考证与鉴赏，希冀文字本身能兼顾寓教于乐、张弛有序。当然，笔者深明书中仍有许多欠妥或未及展开之处，在此我也虚心请教诸位读者，欢迎大家指正。

最后，在《家具的故事》出版之际，笔者再次由衷且郑重地感谢故宫博物院领导及故宫出版社的支持与信任，诸位恩师们对我的培育与帮助，以及朋友家人对我的宽勉与理解。望自己亦如所望，如百尺竿头，孜孜不倦，黾勉终事。

贾薇

2021年3月

图书在版编目（CIP）数据

家具的故事 / 贾薇著. -- 北京：故宫出版社，
2021.4
ISBN 978-7-5134-1387-9

Ⅰ. ①家… Ⅱ. ①贾… Ⅲ. ①家具—历史—中国—通
俗读物 Ⅳ. ①TS666.20-49

中国版本图书馆CIP数据核字(2021)第057362号

家具的故事

著　　者：贾　薇

出 版 人：王亚民
责任编辑：徐小燕　王　静
装帧设计：赵　谦
责任印制：常晓辉　顾从辉
出版发行：故宫出版社
　　地址：北京市东城区景山前街4号　邮编：100009
　　电话：010-85007817　010-85007800
　　邮箱：ggcb@culturefc.cn
印　　刷：北京雅昌艺术印刷有限公司
开　　本：787毫米×1092毫米　1/16
印　　张：15.625
字　　数：130千字
版　　次：2021年4月第1版
　　　　　2021年4月第1次印刷
印　　数：1~3000册
书　　号：ISBN 978-7-5134-1387-9
定　　价：126.00元